飞向太空丛书

FEIYIANG TAIKONG CONGSHU

太空战车
人类飞行器史话

本丛书编委会◎编
孟微微 王新国◎编著

世界图书出版公司
广州·北京·上海·西安

图书在版编目（CIP）数据

太阳战车：人类飞行器史话/《飞向太空丛书》编委
会编 . —广州：广东世界图书出版公司，2009.4 （2024.2 重印）
（飞向太空丛书）
ISBN 978 - 7 - 5100 - 0579 - 4

Ⅰ. 太… Ⅱ. 飞… Ⅲ. 飞行器—发展史—世界—青少年
读物 Ⅳ. V47 - 091

中国版本图书馆 CIP 数据核字 （2009） 第 056434 号

书　　名	太阳战车：人类飞行器史话	
	TAI YANG ZHAN CHE REN LEI FEI XING QI SHI HUA	
编　　者	《飞向太空丛书》编委会	
责任编辑	鲁名琰	
装帧设计	三棵树设计工作组	
出版发行	世界图书出版有限公司　世界图书出版广东有限公司	
地　　址	广州市海珠区新港西路大江冲 25 号	
邮　　编	510300	
电　　话	020-84452179	
网　　址	http://www.gdst.com.cn	
邮　　箱	wpc_gdst@163.com	
经　　销	新华书店	
印　　刷	唐山富达印务有限公司	
开　　本	787mm×1092mm　1/16	
印　　张	13	
字　　数	160 千字	
版　　次	2009 年 4 月第 1 版　2024 年 2 月第 7 次印刷	
国际书号	ISBN　978-7-5100-0579-4	
定　　价	49.80 元	

"光辉书房新知文库"

总策划/总主编:石　恢

副总主编:王利群　方　圆

本书作者

孟微微　教育研究者、科普作家

王新国　中国军工报社资深编辑

插上科学的翅膀，明天太空见

周和平

　　一直以来，人类就梦想着更加自由地飞翔，也渴望着更加近距离地去探索太空的秘密。随着我国"神舟"系列飞船的陆续升空，以及新一轮登月竞赛在各国间的迅速展开，全球的目光再一次被吸引到辽阔的天空以及更加浩瀚的星际空间。那些关于飞翔的梦想也更深入地植根于青少年朋友的心灵之中。

　　航空航天集中体现了一个国家的科学技术、工业、经济、国防等综合实力的水平，航空航天文化渗透于经济、文化、教育旅游、娱乐和体育等各个领域。而航空航天科普更是科普教育的一个重要组成部分，广大公众特别是青少年朋友对航空航天科技知识的了解，将直接影响到航空航天事业未来的发展。早在1998年召开的全国首届航空航天科普教育研讨会上，就有学者指出："要发展我们的航空航天事业，也需要从娃娃抓起。"对广大青少年进行航空航天科普教育，是我国经济发展和现代国防建设的客观需要。

　　当站立在月球之上的美国宇航员阿姆斯特朗说："我现在迈出的是一小步，但在人类历史上却是一大步！"时，我们都知道，即使那"一小步"中，也包含了无数的知识积累、无数的理论探索、无数的发明创造、无数的试验模拟，以及无数的失败。那之中凝结了多少代人的梦想与激动，也就凝结了多少代人的智慧与汗水。在我们的国家航天员训练中心，训练时航天员因为要承受非常大的加速度，面部都会变形，眼泪也会止不住地流下来，鼻子堵塞，十分痛苦。航天员若实在承受不了，只要按一下手边的报警器，工作人员就会把训练器械停下来，但多年来，从没有一个人按过那个报警器。这不过是航天员系统中航天员训练的一个小小细节。而整个载人航天工程是规模宏大的现代化系统工程，除了航天员系统外，还包括空间运用、载人飞船、运载火箭、发射场、测控通信、着陆场等 6 大系统，涉及航空、船舶、兵器、机械、电子等诸多领域，参与的人员更是数以万计。从 1999 年到 2009 年，每一年都是科学攻关年；从"神一"到"神七"，每一次发射都是新的突破。正是这么多人这么多年的精诚合作，才保证载人航天工程的顺利进行。正如俄罗斯科学家齐奥尔科夫斯基所说，"地球是人类的摇篮，但是人类不会永远生活在摇篮里。"这句话不仅鼓舞了一代又一代的航天工作者，还将激励着今天和以后的年轻朋友们。采取多种形式开展航空航天科普活动，寓教育于娱乐之中，不仅仅给予青少年朋友航空航天科普知识教育，而且还能发挥理想教育、爱国主义教育、智力启发教育和手脑并用教育的作用。今天，年轻朋友们除了怀有比先辈更多的好奇与梦想之外，还应该插上科学的翅膀，拥有更为广阔的视野和更为扎实的知识储备。如果你们在探索精神和勇敢精神方面同样不输于先辈，那么我真诚地欢迎你们，欢迎你们加入英雄的航天人团队，让我们相约——明天太空见！

目 录

引言　飞翔的梦想与尝试

　　自古，人类就对浩瀚无垠、神秘莫测的宇宙空间充满着各种各样的幻想。展翅飞翔，遨游太空，到外星球去观光探秘，成为千百年来人们的憧憬和追求。随着科技的发展，人们竭尽自己的智慧和才能开始把幻想变为行动。从飞天的初步尝试到制造专业的登天工具，集聚了无数先人的努力和汗水，记载着人类飞向太空的奋斗足迹。

关于飞天的古老神话和传说

　　在人类亘古不变的梦想中，最不可磨灭的就是对飞行的渴望。但是受当时科学技术的制约，这种梦想是无法实现的，于是就把这种理想寄托于神话和传说。古代的中国、希腊、罗马、埃及和印度等国创造了许多关于飞行的美妙神话故事，至今仍在流传。这些神话和传说中，人们自如飞行主要有以下几种方式：

人有着翅膀，能够飞行

　　中国古代神话中，相传招英负责管理黄帝的空中花园"悬圃"，招英是一个人脸马身的异类，背上有对翅膀，常在看管"悬圃"之余飞游四海，大声嗥叫。

拥有翅膀的代达罗斯和伊卡洛斯

　　西方神话中的天使们都有一双可爱的翅膀。比如，希腊神话中天使的代表形象便是那个赤裸着身子，蒙着眼睛，手执弓箭的小男孩丘比特，他身后的一对翅膀使他可以飞来飞去，用金箭射穿世俗的心。

　　在古希腊神话中，有一个用蜜蜡粘成翅膀的传说：克里特国的王后帕西维与一头白毛公牛产下了人身牛头的怪物弥诺陶诺斯，荒淫凶恶的克里特王命令技艺高超的工匠代达洛斯建造了一座迷宫，将怪物囚禁起来。迷宫完工后为掩人耳目，克里特王将代达洛斯和他的儿子伊卡洛斯软禁在四面是海的克里特岛。为了逃脱，代达洛斯悄悄地用蜜蜡和羽毛制成了两双翅膀，和儿子一起飞出了监牢。可是当他们飞越大海时，勇敢的伊卡洛斯产生了飞向宇宙的冲动。他不听父

亲的劝告执意飞向太阳，最终蜡融化了，翅膀断了，伊卡洛斯坠海而亡。从此，埋葬伊卡洛斯尸体的海岛就被叫做伊卡利亚。

人吃了"仙药"有了"道行"，会腾云驾雾

嫦娥飞天

在我国古代传说中，最美丽动人的要算家喻户晓的"嫦娥奔月"了：在远古时代，有一位美丽的女子叫嫦娥，她是射日勇士后羿的妻子。有一天，由于后羿射日有功，昆仑山上的西王母娘娘赐给他一葫芦灵丹，说是两人各吃一半可以长生不老，一个人全吃下就会升天。嫦娥听了感到十分高兴和惊奇，偷偷地把葫芦里的灵丹全吞下去了。然后她走出门外，望着夜空中的明月，不觉灵丹起了反应，身不由己地飘飞起来。于是嫦娥告别人间，直飞云霄。经过漫长的飞行，她来到了广寒宫。从此，嫦娥在月宫定居下来，成为一位青春永驻的仙女。

还有传说战国时，郑国人列子，名叫列御寇，是道家，他修仙得道，能驾着风飞行，来去自由。

这些神话故事千古流传，也寄托了人们对飞天美好的向往。

人拿着"法宝"，就会飞行

最简易的"法宝"是童话故事里女巫施有魔法的"飞天笤帚"。手指细长，鼻子尖直，发如枯草，头戴尖顶小帽，骑着扫帚从一家屋顶飞到另一家屋顶，这是中世纪女巫的经典形象；在古阿拉伯神话《一千零一夜》中，有着一种编织精美、灵活机动的毛毯；在我国神话小说《封神榜》里，有哪吒的风火轮，这些都是可以上天的神物。

在飞天神话里，人们除了可以利用没有生命的飞行器进行飞行外，还可以驾驭飞禽或神兽实现飞行。比如轩辕黄帝可以骑龙上天，《西游记》中唐僧的坐骑小白龙，等等。

从人有翅膀，或者拥有魔毯、飞龙，到得道成仙，无不带有浪漫色彩。我国晋朝人写的一部著作中，记述了古人乘坐飞船横空遨游、浪迹星海的故事，说是在尧舜时代，人们制造了一艘巨大的飞船，飞上太空，在星海中飘浮。这艘飞船在太空12年往返飞行一次，可以飞到月球降落，也可以作星际航行。在3000多年前印度的神话传说中，也有去月球旅行的幻想。在科技不发达的时代，人们的幻想终究是幻想，并不能变为现实，而只能用这些美丽动人的神话来表达意愿，寄托希望罢了。但这些神话传说在人们心目中确立的坚定的飞行目标，成为人类探索飞行的动力。

前人对飞行的研究和尝试

在人类征服自然的过程中，涌现出大量与航空有关的技艺和发明，有的发明本身就是现代飞行器的原始模型。

在古代，我国人民就对航空技术的发展作出过许多杰出贡献。早在 2000 多年前的春秋时代，我国著名的建筑匠鲁班，曾制造过能飞的木鸟。在《墨子·鲁问篇》中记载：鲁班"削竹木以为鹊，成而飞之，三日不下"。这可以说是世界上最早的航空模型。

东汉时代，王充在他著的《论衡·儒增篇》中，曾论述了木鸟飞天的可能性。科学家张衡还曾制作过一只身上有翅膀、腹中有机关、能飞数里的木鸟。

古时的双节火箭

西汉年间开始有人制作风筝，后来民间十分盛行。

11 世纪左右，我国人民已制造了火箭。这是一种原始火箭，是现代火箭的雏形。它用纸糊成一个筒，把火药装在筒内，然后把这个药筒绑在箭杆上。药筒前头封闭，后头开口。火药燃烧时

从后口喷出大量气体，利用反作用力推动火箭前进。我国古代劳动人民不但发明了火箭，而且将火箭用于军事，如用火箭攻击敌营等。据古书记载，1126年，宋、金的开封府之战，宋将就用火箭抗击金兵。

14世纪，我国明代的一位心灵手巧的工匠万户进行了人类历史上第一次借助火箭的力量飞行的试验。

明朝官吏万户第一个试图利用火箭飞天的人

他设计了会飞的"飞龙"火箭。这种木质雕刻的火箭筒可以飞行1000米。一天，万户把椅子架起来，把47枚火箭捆在椅子后面。他自己高兴地坐在椅子上，双手举着大风筝，让助手同时点燃这47枚火箭。火箭随即冲天而起，但很快便爆炸，只见硝烟弥漫，碎片纷飞，人们再也找不到万户本人了。

万户的勇敢尝试虽遭失败，却被六个世纪以后的国际航天史学家公认为人类试图利用火箭升空的首次壮举。现在看来，万户的确是进行了一次科学探索。世界科学家们为纪念万户献身航天事业的伟大创举，就将月球背面的一个火山口命名为"万户"火山口。

据史料记载，欧洲一些国家同样存在着与我国类似的飞行研

究和尝试，但在时间上，比我国晚得多。

1507 年，一位名叫约翰·达米安的人，身穿翼衣，从苏格兰的斯特林城堡往下跳，准备飞到法国去，结果是坠地摔断了大腿骨。

传说莎士比亚作品中李尔王的父亲布拉德曾给自己造了一副翼，并试图利用这副翼，从阿波罗宫出发，飞越该城上空，结果坠地身亡。

在经历了多次失败后，人类逐渐认识到单纯利用羽翼是不可能飞行的。1680 年，一位名叫齐奥凡尼·波莱里的意大利人，在《运动的动物》一文中，详细地论述了人类离开机器的帮助不可能在空中支撑住自己体重的道理。这篇文章从理论上阐明了人类生理上的局限性。于是，人们逐渐开始寻找一种机械的方式。扑翼机就是这个阶段的产物。

所谓扑翼机，就是机翼能像鸟的翅膀那样上下扑动的飞行器。这种设想比过去"插翅而飞"的方案有了改进，但光靠人力还是难以飞起来。文艺复兴时期的达·芬奇，虽然是位杰出的画家，但他对飞行却抱有高度的热忱，也是研究扑翼机的著名人物。他的具体设想是：人俯卧在扑翼机中部，脚蹬后顶板，手扳前部装有鸟羽的横杆，就像划桨一样扇动空气，推动飞行。

自达·芬奇之后，有位土耳其人穿了一件宽大的带框架的斗篷，利用扑翼原理飞行，不料框架经受不住空气阻力而折断，这位土耳其人不幸遇难。1678 年，法国一位叫贝尼埃的人也制了一

人类飞行器史话

架扑翼机。他在肩上担两根杆子，杆端各装一对铰接的长方翼片。杆端向上摆动，翼片收拢，向下摆动，翼片展开。经过多次实验，贝尼埃始终未能成功。1784

早期的扑翼机

年，法国人热拉尔设计了一架别具一格的扑翼机，不但装有火药发动机，而且还装有一个方向舵和一个弹簧着落装置，这体现了他非凡的创造力。但由于热气球当时已成功升上天空，航空爱好者兴趣随之转移，他设计的扑翼机始终没有进行飞行试验。

扑翼机和带翼飞人相比是一种进步，然而在本质上仍是仿鸟的人力飞行。这种影响一直延伸至飞机发明前夕。

人类飞行的翅膀——飞行器

通过前人的探索和尝试，我们了解到，人类逐渐认识到单纯利用羽翼是不可能飞行的。人类只有借助机器的帮助，才有可能在空中支撑住自己的体重。我们把这种能够帮助人类飞行的机器，统称为"飞行器"。飞行器是人类能够飞行的翅膀。

现在，飞行器的种类越来越多，并且功能也在不断完善。按照飞行环境和工作方式的不同，我们可以把飞行器分为三类：航空器、航天器、火箭和导弹。

航空器是主要在大气层内飞行的飞行器。任何航空器都必须产生一个大于自身重力的向上的力，才能升入空中。根据产生升力的基本原理不同，航空器分为轻于同体积空气的航空器和重于同体积空气的航空器两大类。前者靠空气的静浮力升空；后者靠与空气相对运动产生升力升空。根据构造特点还可进一步分为下列几种类型：

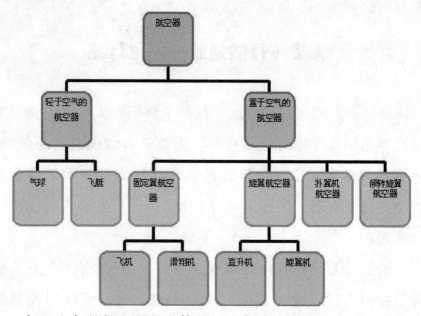

　　轻于空气的航空器的主体是一个气囊，其中充以密度较空气小得多的气体（氢或氦），利用大气的浮力使航空器升空。气球和飞艇都是轻于空气的航空器。

　　重于空气的航空器的升力是由其自身与空气相对运动产生的。常见的主要包括固定翼航空器和旋翼航空器，另外还有像鸟飞行一样的扑翼航空器和新近出现的倾转旋翼航空器。

　　航天器又称空间飞行器，主要是在大气层外空间飞行的飞行器。航天器在运载火箭的推动下获得必要的速度进入大气层外空间，然后在引力作用下完成类似于天体的轨道运动。航天器为了完成航天任务，必须具备发射场、运载器、航天测控和数据采集系统、用户台站以及回收设施。航天器可分为无人航天器和载人航天器。根据各自的用途和结构形式，航天器还可往下细分类，

用图表示如下：

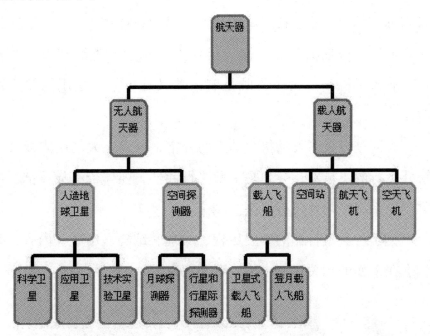

无人航天器按照飞行和工作方式分为人造地球卫星和空间探测器。人造地球卫星简称人造卫星，是数量最多的航天器，约占航天器总数的 90% 以上。它按用途分为科学卫星、应用卫星和技术试验卫星。科学卫星用于科学探测和研究，主要包括空间物理探测卫星和天文卫星等。应用卫星是直接为国民经济和军事服务的人造卫星。应用卫星按用途分为通信卫星、气象卫星、侦察卫星、导航卫星等。

空间探测器又称深空探测器，按探测目标分为月球探测器、行星探测器和行星际探测器。各种行星和行星际探测器分别用于探测金星、火星、水星、木星、土星和行星际空间。

　　载人航天器按照飞行和工作方式分为载人飞船、空间站和航天飞机。载人飞船包括卫星式载人飞船和登月载人飞船。空间站又称轨道站或航天站，是航天员在太空轨道上生活和工作的基地。航天飞机和空天飞机既是航天器又是可重复使用的航天运载器。

　　火箭是以火箭发动机为动力而升空，可以在大气层内或大气层外飞行的飞行器；导弹是一种飞行武器，弹体带有战斗部，依靠制导系统控制其飞行轨迹。

　　关于各类飞行器的发展历程、原理、结构、用途等内容，我们会在下面的相关章节中给读者详细介绍。

飞行从这里起步——热气球

人类飞行的梦想是从热气球开始实现的。热气球也是人类制造的第一种成功的载人飞行器。

早在公元前 3 世纪，人类就发现了气球升空的原理。这应该感谢古希腊科学家阿基米德。他有一个最著名的故事是在洗澡的时候，从浴缸里溢出去的水中悟出了最简便的计算物体体积的方法，从而可以求出各种物体的比重。他还发现，任何一个物体，在液体中受到的浮力，等于它所排开的同体积的液体重量。这叫阿基米德定律，又叫浮力定律。当时阿基米德只是用水做的实验，因而它的应用当时也只限于水。

直到 16 世纪末、17 世纪初的时候，意大利科学家伽利略将阿基米德的浮力定律由液体引申到气体。他发现，空气是有浮力的，如果一个物体的比重比空气轻，它就会浮升到空中去，就像轻于水的物体会浮在水面上的道理一样。

我国早在汉武帝时代，淮南王刘安的门客们编写的《淮南万毕术》中就记有"艾火令鸡子飞"。到了五代时期，莘七娘随夫去福建打仗时，将松脂灯用于军事联络上。松脂灯是用竹篾扎成方架，做成大灯，点燃置于托盘上的松脂，上升的松烟把灯笼托起。到了元朝，曾使用带颜色的"灯球"当军事联络信号。松脂灯也称"孔明灯"，在民间流传范围很广。这可以说是世界上最

早的热气球。

孔明灯

第一个发明轻于空气的浮空器（轻于空气的航空器称为浮空器）发明家，其发明灵感并不是来源于理论的推断，而是从自然中得到的启发。

热气球的发明人蒙哥尔费兄弟是法国的造纸工人。当他们看到碎纸片在篝火上飞舞时，产生了利用热空气制造飞行物的念头。1783 年 6 月，他们公开表演了自己制作的热气球。该气球用纸和亚麻布糊成，直径约 10 米，内部灌入燃烧湿草和羊毛产生的热烟，把大球鼓了起来。有史以来第一批空中旅客：一只羊、一只鸡和一只鸭，被人们放进热气球下面系着的吊篮里。一会儿，浓烟充满了气球，这只彩球徐徐升起。8 分钟后，气球和吊篮降落在两千米以外的森林里。这一次成功的表演，大大鼓舞了人们：动物既然能上天，人也一定能上天。

完成了动物升空的飞行后，蒙哥尔费兄弟着手准备载人飞行的试验。那么让谁来乘坐这只气球呢？法国国王想让两名已经被判处死刑的罪犯来乘气球飞行，并且说，一旦他们完成这次乘坐蒙哥尔费气球的任务，就可以免去一死，并恢复自由。这时一名叫罗齐尔的热气球爱好者说："第一个乘热气球飞行的荣誉绝不

能给一个罪犯。"他请求法国国王将第一次升空的荣誉授给自己。于是，他成为第一个进行飞行试验的勇士。

1783 年 10 月 15 日，罗齐尔乘热气球升到 26 米的空中。在以后的几天里，他又分别上升到了 64 米、80 米和 99 米的空中。在最后一次飞行中，他还搭载了另一名乘客。1783 年 11 月 15 日，罗齐尔和达兰德斯在巴黎乘一只高 23 米、直径 15 米的巨大热气球在路易十六国王和许多市民面前进行了升空表演。

蒙哥尔费兄弟的热气球

罗齐尔最终得到了他盼望已久的荣誉，他和达兰德斯，还有热气球的发明者蒙哥尔费兄弟，都被选为法国科学院院士。

气球的成功升空不是偶然的，而是和当时科技与生产力水平密切相关。从纺织工业开始的工业革命提供了既结实又很轻的纺织品，1766 年，人们又发现了氢气，这都为气球的

引言 飞翔的梦想与尝试

发展提供了条件。1785 年，法国人布郎夏尔和美国富商杰弗利斯乘氢气球从英国的多佛尔跨越英吉利海峡抵达法国海岸。尽管这次飞行成功得很勉强，但毕竟是人类第一次从空中飞越大海，所以仍具有巨大的历史意义。从此，实用气球诞生并得到了应用。

18 世纪法国大革命时期，革命政府曾用气球作侦察，获得极大成功。1871 年普法战争巴黎被围困期间，曾用气球载人和送信，4 个月中放出几十个气球，送出 3 万多封信件和 150 多人。美国在南北战争时期也更大规模地使用了气球。另外，气球也用于研究大气（1850 年），对科学研究的发展作出了贡献。

飞机问世以后，气球在军事上仍然有它的"用武之地"。第一次世界大战期间，系留气球曾被用来作为"空中观察哨"，监视敌人的军事行动。第二次世界大战期间，气球还被用来执行防空和轰炸任务。英国曾在伦敦周围摆下"气球阵"，用系留气球筑成一个"拦阻网"，阻止德国轰炸机进入。1944 年，日本施放了 9000 多个气球，载着炸弹越过太平洋轰炸美国本土。

气球在航空器中虽然是最简单的飞行器，但用处却很多。现在，气球主要用于气象探测、污染监测、科学研究和技术试验，在军事上还可用于侦察、通信中继、跳伞训练、投掷宣传品、拦阻敌机，还可用于靶机回收、人员救生和运输等，

真可谓"老当益壮"。

总之，载人气球从 1783 年开始，发展成为一种多用途的飞行器，其中凝聚了许多发明家的才智和心血。特别

现在的热气球

是当今人类已经能登上月球的时候，更不要忘记这样的辉煌是从一个小小的纸灯笼开始的。

人
类
飞
行
器
史
话

装着帆和桨的气球——飞艇

当我们看到早期的气球设计图时会发现，几乎所有的设计图都毫无例外地设计了"帆"或是画上了"桨"。因为当时的设计人员错误地认为，比空气轻的飞行器就像比水轻的船在水中航行一样，安上了"桨"和"帆"就能使气球保持航向，沿着预定的航线行驶。

过了很长时间人们才认识到，气球只能随着气流的移动而飘动，因此，"帆"和"桨"都是多余的。要使气球成为可控的航空器，必须增加新的技术成分。于是，气球就演变成另一种更实用的航空器——飞艇。

"飞艇是一种有推进装置、可控制飞行的轻于空气的航空器。"从以上定义可以看出，它是一种轻于空气的航空器，也就是说它的上升力是来自充填飞艇的气体，

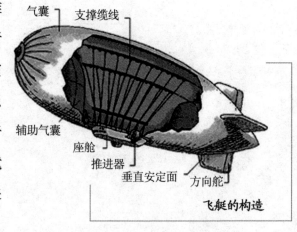

气囊　支撑缆线

辅助气囊
座舱
推进器
垂直安定面　方向舵

飞艇的构造

这一点是与气球相同的。但它与气球又有本质性的差别，它装有推进装置，并可控制飞行方向，也可以说是一种可操纵的气球。

飞艇可分为三种：软式飞艇、半硬式飞艇和硬式飞艇。软式飞艇和半硬式飞艇的形状是靠气囊内的气体压力来"维持"；而硬式飞艇的艇体是由刚性的骨架和外罩蒙布（或薄铝片）构成，其外形与气囊内的气体压力无直接关系。

以上是对飞艇知识的简单介绍，下面让我们回过头来看看飞艇的兴衰。

1784年，法国的一位技术军官设计了一艘可以进行控制飞行的飞艇。这位军官名叫梅斯尼埃，后来在战争中阵亡，死时已是一位将军。他设计的飞艇利用气囊内气体的压力来保持它的形状，这个原理和现在应用的软式飞艇的原理基本相同。飞艇的外形酷似一支雪茄烟，这种外形很适用于飞艇，因而后来竟成了飞艇的"通用外形"。为了使飞艇能够依靠自身的动力飞行，他还为飞艇设计了3个双叶片的螺旋桨。当时因为人类还没有研制出发动机，他设想用一个由80人组成的乘务组以人力来驱动螺旋桨！这种想法虽然最终未能实现，但他的整个设计却是一个伟大的创举。在飞艇的发展过程中，梅斯尼埃"功不可没"。

后来，有一个叫梅森的英国人，他所制造的一个小型飞艇，靠发条装置驱动螺旋桨来推动，每小时可飞行8千米。但这个飞艇是一个不可操纵的飞艇。

世界上第一艘可操纵的飞艇是一个叫吉法德的法国人制

人类飞行器史话

造的。他把船上的发动机安在了飞艇上，让发动机来带动或推动飞艇前进和升空。这艘飞艇长44米，直径12米，飞艇上安装了一个蒸汽发动机，这台发动机可以驱动一副3个叶片的螺旋桨。1852年9月，吉法德操纵飞艇从巴黎的马戏场起飞，以每小时8千米的速度飞行，3个多小时后，在离巴黎大约28千米之外的德拉普降落。因为这个飞艇的升高是采用热气球的原理，而前进是采用了螺旋桨，所以说人类进行了有动力的半操纵飞行。

吉法德的第一艘飞艇

世界上第一艘能持续飞行的飞艇，是法国军官勒纳尔和克雷布设计的。这艘名叫"法国号"的飞艇，装有一台9马力的发动机，飞行时速可达到20千米左右，而且还可进行全方向操纵。

以上这些飞艇基本沿用了气球的结构形式，即软式结构。软式结构的飞艇刚度较差，而且无法做得很大，运载能力和飞行时间都受到很大限制。

19世纪末，铝合金问世，由于它很轻，又很坚固，很

快就被用来制造飞艇。人们用铝杆做骨架，用薄铝板做气囊外壳，制成了硬式飞艇。硬式飞艇技术由德国人齐柏林开创。

从 1887 年开始，齐柏林就计划建造一只不同以往的，能够完成长途运输和空中作战等多种任务的大型飞艇。他的这种硬式结构的特点是，艇身全部采用铝制架制成，框架外部有织物蒙皮。框架把飞艇分成十几个舱室，每个舱室中放置一个气囊，一艘飞艇的气囊由十几个小气囊组成。

齐柏林飞艇开创了轻航空器新时代。1909 年，齐柏林创办了世界上第一家民用航空公司——德莱格飞艇公司，利用飞艇开始了空中运输业务。航空史上的飞艇时代从此开始。

巨型商业飞艇

飞艇问世后，被用于军事。第一次世界大战爆发，同年8 月 5 日夜，德国的齐伯林飞艇首次轰炸了法国列日要塞；1914 年 12 月 19 日，齐伯林飞艇首次轰炸了英国本土；1915 年 3 月 20 日又轰炸了巴黎；1915 年 8 月 5 日，德国又出动 5 艘齐伯林飞艇轰炸伦敦。

飞艇的体积大，速度低，灵活性很差，因而极易受到攻击。同时，由于飞机的性能不断提高，所以飞艇在军事上的应用从第一次世界大战后期开始逐步被飞机取代。但民用运输中仍应用飞艇。

在民用飞艇方面，德国一直居领先地位。1929 年，德国制成巨型商业飞艇"齐伯林伯爵号"，曾载客 16 人首次进行了环球飞行。1936 年，德国制成了"兴登堡号"飞艇，艇长 245 米，直径约 40 米，曾 10 次往返于德国和美国之间，运送旅客 1000 余人。

1937年5月6日"兴登堡号"飞艇爆炸

1937 年 5 月 6 日，"兴登堡号"飞艇越过大西洋，正准备在美国新泽西州降落时，大气中的静电点燃了飞艇泄出来的氢气。瞬时间，引发了熊熊烈火。97 名旅客中有 37 位不幸罹难。这次航空史上的大悲剧，导致了飞艇的衰落。自此以后，作为运输工具的飞艇逐渐"销声匿迹"了。

直到 20 世纪 70 年代，由于能源危机和环境问题，人们想到曾辉煌一时的飞艇时代。飞艇节省能源并可降低环境污染，同时为了满足一些大型、不可分的整体货物运输要

求，人们提出了以现代技术为基础，并采用安全的升力气体——氦来开发新一代飞艇。由此也引发了一些国家，如英国、美国等，开始进一步探讨、论证现代飞艇的各种方案，并制造了一些试验艇。

随着现代科技的发展，新能源、新材料、新设备被配置到飞艇上，使古老的飞行工具焕发出新的活力。现在的飞艇，在民用领域，主要探讨定期航班、旅游、航测、环保监测、大型货物吊运、海上救援等用途；在军用领域，主要探讨反潜、预警、布雷、巡逻、侦察等任务的适用性。

第一章　重于空气的航空器
——飞机和直升机

1903年12月17日，奥维尔·莱特驾驶"飞行者一号"首次试飞成功，从而完成了人类历史上第一架有动力、可载人，并且持续稳定的重于空气的飞行器。飞机的发明成功，为人类征服天空揭开了新的一页，标志着航空飞机时代的到来。

和莱特兄弟一起飞翔

自从1783年热气球和氢气球诞生以后，人们把目光一下子都移到了轻于空气的飞行器上。然而，随着人们研究的深入和飞行事故的不断发生，航空先驱者们清楚地意识到：这些轻于空气的航空器无论是在安全性、操纵性，还是在发展前途上都存在着很大的局限性。它们的飞行速度低，不易操纵和控制，而且对载人来说也不安全。因此，人们的注意力逐渐转向了重于空气的航空器研究上，即滑翔机和飞机的研究。

当时在英国，乔治·凯利首先开创了航空学，特别是空气动力学的实验研究，并进行了滑翔机的设计和飞行实践。这是一种

没有动力装置，但却重于空气的固定翼航空器。1796年，凯利用鲸骨作弹簧，用羽毛作旋翼，制造出一架模型直升机。三年后，他成功地设计了一架机动单翼飞机，后来的航空史学家称赞它为"现代飞机的胚胎，开实用航空的先河"。1804年，凯利制造出一架简单的模型滑翔机，这种滑翔机

乔治·凯利

的机翼形状像一个风筝，凯利登上滑翔机，成功地做了一次试飞。在随后的时间里，这位伟大的先驱者曾多次制造了改进型的滑翔机原型机。由于他作出的开创性贡献，凯利受到后人的高度评价，被誉为"航空之父"。

在滑翔机研究方面，最重要的先驱者是奥托·李林塔尔。奥托·李林塔尔是德国工程师和滑翔飞行家，世界航空先驱者之一。他最早设计和制造出实用的滑翔机，人称"滑翔机之父"。

1891年，李林塔尔制成了第一架固定翼滑翔机——这是一种最简单不过的滑翔机，实际上它是两个捆得很结实的机翼。为了验证自己的飞行理论，李林塔尔决定亲自试飞。滑翔机平稳地飞行了15米，并且安全着陆。这15米的距离虽很近，但它却是人类迈向空间的重要一步。李林塔尔在1891年至1896年的六年时

人类飞行器史话

奥托·李林塔尔

间里，亲自进行了 2000 多次滑翔飞行试验，积累了大量的经验和飞行数据。他还曾进行飞行理论的研究和试验。1889 年，他编写的《作为航空基础的鸟类》一书出版。这本书至今仍然被认为是一部在航空史上有重大意义的经典著作。

李林塔尔的成功表明了，人是能飞起来的。他不但为人类上天飞行奠定了理论基础，而且还研制成了飞机"胚胎"，为他的后继者——大洋彼岸的美国人莱特兄弟扫清了前进的障碍。

威尔伯·莱特和奥维尔·莱特俩兄弟从小对飞行怀有浓厚兴趣，他们研究了鸟类和风筝的飞行，制造了一架风筝形的滑翔机进行试验，然后又进

李林塔尔的第一架滑翔机

行了滑翔机载人飞行试验。从 1900 年到 1903 年间，他们共制造了三架滑翔机，进行了近千次滑翔机飞行，最后一架滑翔机完全达到了稳定操纵要求。随后他们在第三架滑翔机上安装了一台自制的 12 马力功率内燃机，带动两副两叶推进式螺旋桨，采用升降舵在前、方向舵在后的鸭式布局。机翼剖面呈弧形，翼展 13.2 米，着陆装置为滑

莱特兄弟

橇式，驾驶员俯卧操纵。这架飞机就是著名的"飞行者一号"。

　　1903 年 12 月 17 日，莱特兄弟在北卡罗莱纳州的吉蒂霍克沙洲上开始了他们的具有历史意义的试飞。第一次试飞由弟弟奥维尔·莱特驾驶，在 12 秒钟内飞行了 36 米远。第二次试飞由哥哥威尔伯·莱特驾驶，在 59 秒钟内飞行了 260 米，这一纪录被载入史册，这是得到公认的最早的空中持续动力飞行。

　　在 1903 年以前，人类就已经有了滑翔机。为什么要把莱特飞机算作人类有史以来第一架飞机呢？这就有必要介绍一下飞机的确切定义了。

太阳战车
Tai Yang Zhan Che

人类飞行器史话

关于飞机，现在人们的共同认识是："装有动力装置，通常装有固定机翼的重于空气的航空器。"即被称之为飞机的航空器，一是要有动力装置，也就是发动机；二是一般要装有固定的机翼；三是重于空气（不同于气球、飞艇）。所以，莱特飞机是世界上第一种真正的飞机。

第一次试飞

后来，莱特兄弟与美国陆军签订了在美国制造莱特飞机的协议。莱特兄弟制造的最后一架飞机是 1915 年 L 型飞机，它是一种单座军用侦察机，装有一台 70 马力的六缸莱特发动机。

现在，莱特兄弟"飞行者一号"试飞成功的地方耸立着纪念莱特兄弟的纪念碑。尽管"飞行者一号"采用的内燃机功率只有 12 马力（相当于一台手扶拖拉机），但它毕竟宣布了现代航空时代的到来。从此之后，各种类型的侦察机、战斗机、轰炸机、运输机、民用客机等航空器纷纷飞上了蓝天，人类的飞天梦想终于变成了现实。

形形色色的军用飞机

第一次世界大战爆发时，一些国家虽已有几百架飞机，但都没有空军编制。这时使用的木布结构飞机速度很慢，光秃秃的也没有武器。当时飞行的世界纪录时速只有 204 千米，距离 1021 千米，高度 6120 米。一般飞机的性能距离这些指标还差得很远。但是由于战争的需要，飞机很快转入军事用途。飞机种类和性能的开发在战争中得到了迅速发展。

战斗机

战斗机又称歼击机，特点是飞行性能优良、机动灵活、火力强大。现代的先进战斗机多配备各种搜索、瞄准火控设备，能全天候攻击所有空中目标。它的演变体

美国F-22战斗机

现着飞机的整体发展水平。战斗机的首要任务是与敌方战斗机进行空战，夺取制空权，以及拦截敌方轰炸机、强击机和巡航导弹

等。此外，战斗机还可以携带一定数量的对地攻击武器，执行对地攻击任务。

世界上公认的第一种战斗机是法国的莫拉纳·索尔尼爱 L 型飞机。它由于装备了法国飞行员罗兰·加洛斯的"偏转片系统"，稍微解决了飞机在机载机枪射击时被螺旋桨干扰的难题，第一次使飞行员可以专心驾驶飞机去攻击对方，同时也不需要另外配备机枪手。

中国歼-10战斗机

最早的战斗机采用的是活塞式发动机，一战期间的战斗机大多是木结构，最高飞行时速仅有 200 千米左右；二战时，战斗机发展为单翼全金属结构，飞行时速提高到 600 ~ 700 多千米；从 20 世纪 50 年代开始，战斗机逐步实现推进喷气化。20 世纪 60 年代末和 70 年代初，在气动、动力装置、电子技术、机载武器、材料等方面发展迅速，也为战斗机的发展创造了良好的条件，飞行速度也超过了音速（340 米/秒），代表型号有美国的 F—15、F—16 战斗机，苏联的米格—29、苏—27 和法国的"幻影" 2000。

目前，超音速战斗机已经发展到了第四代。第四代战斗机一

般具有良好的隐身性能、发动机在不开加力时具有超音速巡航的能力、短距起落性能、目视格斗、超视距攻击和对地攻击的能力等等，主要代表机型有美国的 F—22，俄罗斯的 S—37 和米格—1.44 等。

对我国而言，歼—10 是一个里程碑。在机体设计上，歼—10 的前翼及主翼外部的后掠角大约在 40～45 度之间，这反映了歼—10 突出的低中速机动性能，即强调近距格斗、突出争夺制空权任务。歼—10 的翼身融合设计，利于隐身和提高内部油箱的容量，进气道位于机腹部，其中有一进气锥，这种布局可以大大改善飞机的飞行性能。最大马赫数为 2，全机大量采用钛合金、复合陶瓷、纳米技术纤维等，有效减少空重，增加载弹量和隐身性能。一杆式电控单元，可在大屏幕 LCD 上调出作战参数和发射武器及操控。采用三级计算机系统负责飞控、武器管理、预警与探测和动态综合作战系统。

歼—10 作为新一代多用途战斗机，分单座、双座两种，性能先进，用途广泛，实现了我国军用飞机从第二代向第三代的历史性跨越。

轰炸机

轰炸机是通过炸弹、鱼雷或导弹等破坏地面或海上目标的军用飞机。轰炸机按照载弹量分为轻型（3～5 吨）、中型（5～10

吨）和重型（10 吨以上）轰炸机；按照航程分为近程（3000 千米以下）、中程（3000～8000 千米）和远程（8000 千米以上）轰炸机。

1911 年 10 月，意大利和土耳其为争夺北非利比亚的殖民利益而爆发战争。11 月 1 日，意大利的加福蒂中尉驾一架"朗

美国B-29超级堡垒轰炸机

派乐－道比"单翼机向土耳其军队投掷了 4 枚重约 2 千克的榴弹，虽然战果甚微，但这是世界上第一次空中轰炸。

第二次世界大战中，轰炸机有了新的发展，装有 4 台发动机的重型轰炸机成为主流，例如美国的 B—29 轰炸机可载弹 9 吨。

20 世纪 60 年代以后，各种制导武器日益

美国B-1远程超音速轰炸机

完善，目标的空防能力大为提高，所以战术轰炸的任务更多地由歼击轰炸机来完成。自卫能力差的轻型轰炸机已不再发展。自从出现中、远程导弹后，战略打击力量的重点已转移到导弹上来，

战略轰炸机的地位明显下降。

20 世纪 70 年代以后，只有美、苏两国尚在继续研制远程超音速轰炸机，如美国的 B—1 和苏联的图 26，都是变后掠翼飞机，装有先进的自动导航系统、地形跟踪系统和电子对抗设备，攻击武器以空地导弹和巡航导弹为主，能在复杂气象和地形条件下隐蔽地进行超低空突防，对目标进行远距离攻击。

我国空军轰炸机部队曾装备过多种机型的轰炸机，具有影响力的有水轰—5 型水上起降轰炸机、FBC—1 歼击轰炸机等。

到目前为止，世界最高水平的战略轰炸机是美国 B—2。B—2 具有良好的隐身性能，主要用于执行突防任务、摧毁敌方纵深目标，可携带核武

美国B-2轰炸机

器、巡航导弹、近距攻击导弹和制导炸弹等，攻击力和摧毁力极强。

攻击机

攻击机又叫强击机，是专门从低空和超低空对地面或水面中小目标进行攻击的军用飞机。它直接用于支援地面部队作战，摧

人类飞行器史话

毁敌方的防御工事、弹库、舰船、雷达、交通枢纽等军事目标。

德国容克-87

最早的攻击机是由德国容克斯公司研制的容克 JI 型飞机，它也是世界上第一架全金属结构飞机，于 1915 年 12 月 5 日首次试飞。后来容克斯公司又发展了更先进的 CLI—IV 型攻击机，在低空近距离攻击上，显示了良好的性能和作战效果。

鉴于第一次世界大战的经验，纳粹德国为准备新的大战，在 20 世纪 30 年代发展了新的攻击机容克—87 和亨舍尔—123。在当时，它们又称为"俯冲轰炸机"。

美国A-6攻击机

第二次世界大战前夕，德国使用容克—87俯冲轰炸机攻击敌军总队和坦克，直接支援地面部队作战。后来这种飞机增设了装甲，配备了大口径机炮，专门用于反坦克作战。苏联在二战中，广泛使用了伊尔—2攻击机，被誉为"空中坦克"，在支援部队方面起到了很大作用。

20世纪60年代后，虽然由于战斗轰炸机的发展，取代了一部分攻击机的作用，但仍出现了多种有代表性并在实战中显示了独特作用的攻击机，例如美国在越南战争、空袭利比亚和海湾战争中使用的A—6、A—7和A—10等。

1960年，我国成功研制出强5攻击机，载弹量可达2吨。

现代攻击

中国强5攻击机

机的飞行速度并不快，时速一般在 700～1000 千米，更强调超低空突防和攻击能力。它们一般都装备有机关炮和火箭弹，可挂载精确制导炸弹和空地导弹，具备夜间攻击能力和一定的电子对抗能力。一些攻击机已具备垂直和短距离起落能力，如俄罗斯的雅克—36 和英国的"鹞"式。

隐形飞机

隐形飞机并非对人的眼睛而言，而是指不被雷达和红外探测器所发现，也称隐身机。它之所以能不被雷达和红外探测器发现，主要是因为它采用了独特的设计和隐形技术：

美国F-117隐形战斗机

一、独特的外形轮廓。飞机外表呈平滑过渡，减少垂直相交面，机翼与机身融为一体；减少外挂的武器、副油箱、发动机吊舱，遮挡发动机进气道和尾喷管，并用特殊的形状减少雷达波反射等。例如美国的 B—2 隐形轰炸机，其机翼后缘呈锯齿状，像蝙蝠，又似飞镖，全机的整体曲线圆

滑，从而减少了电磁波的反射面积。美国的 F—117A 隐形战斗轰炸机，其外表面由许多小平面拼合而成，可以抑制和分散雷达电磁波。

二、在飞机表面采用特殊吸波材料和涂层，将雷达波尽可能多地吸收，减少反射率。例如美国 F—117A 隐形飞机的机翼前缘、发动机进气口就使用了能吸收电磁波的复合材料，整个机体的表面都涂了可吸波的涂料。

三、施放强烈的电子干扰，使对方雷达不能正常工作。

目前，比较著名的隐身飞机主要有美国的 F—117 战斗机、B—2 轰炸机以及第四代战斗机 F—22。

无人驾驶飞机

无人驾驶飞机是一种以无线电遥控或由自身程序控制为主的不载人飞机，通常简称无人机。与有人机相比，无人机具有重量小、成本低、机动性高、隐蔽性好、生存能力强等优点，特别适宜于执行危险性大的任务。

无人驾驶飞机一般由地面控制站、起飞弹射架、无人机和降落回收网四部分组成。例如，以色列制造了一种名为"侦察兵"的无人驾驶飞机，其机身长和翼展都仅有 3 米多，重 50 多千克，可飞至 3000 米高空进行侦察、拍照，连续飞行时间达 4 个小时。"侦察兵"被车载的弹射器弹射升空后，双缸发动机自动点火，随即进入飞行状态。

无人驾驶飞机除执行侦察任务外，还可用于指挥和目标指挥。1982 年，以色列派飞机空袭黎巴嫩贝卡谷地。在战斗轰炸机接近目标前，以色

德国KZO无人机

列人先用遥控控制无人驾驶飞机引诱叙利亚部队用萨姆—6 号导弹攻击这些无人驾驶飞机，在窃取了萨姆导弹制导雷达频率后，以色列人立即实施对萨姆导弹雷达的电子干扰，而战斗轰炸机乘机出动，将叙利亚人的萨姆—6 导弹群全部摧毁。

目前，无人机已被用于战场监视、侦察、干扰、释放诱饵、目标袭扰等方面。无人机在执行侦察、对地攻击、火力投射、电子对抗方面向有人驾驶的飞机提出了挑战。在未来战争中，无人机能执行空战和对地攻击任务，它和有人战斗机编队，可组成"猎人和猎狗"式的作战机群。有人机作为"猎人"，可发挥任何高智能装置无法取代的任务管理和决策作用，而无人机则承担"猎狗"的任务，领先飞行，进行目标识别、作为诱饵消耗敌方的导弹，使有人机提高生存能力。在可以预见的将来，无人机将相当程度上取代有人机。

我国已经研制出多种无人驾驶飞机，主要型号有"长空一

中国ASN-206无人驾驶飞机

号"无人靶机、"长虹"高空高速无人侦察机、T—6 通用型无人机、Z—5 系列无人侦察机、ASN 系列无人机等。

人
类
飞
行
器
史
话

蓬勃发展的民航机

　　航空是人类 20 世纪所取得的最重大的科技成就之一，在民用领域，它首先应用于交通运输。几十年来，作为载人空中飞行工具的民航机发生了巨大的变化。

　　民航机的最初发展主要是在两次世界大战期间，德国、法国、英国、意大利等欧洲国家和美国都相继建立了自己的民航事业。最早于 1914 年 1 月 1 日在美国佛罗里达州坦帕与圣彼得斯堡之间开辟的第一条定期航班用的是"贝诺伊斯特"水上飞机，只能载两个人，速度仅 112 千米/小时，航线 32 千米，单程票价 5 美元。这条航线只维持了 3 个月，总共运送 1204 人，到旅游季节结束便中断了。

　　1933 年，美国波音公司研制出波音 247，这是第一架真正现代意义的客机。1935 年底，美国道格拉斯公司研制出 DC—3，成为现代旅客机的始祖，共生产了 13000 架，是历史上产量最高的客机机种。后来客机规模越来越大，速度越来越快，旅客越来越舒适。今天，一架波音 747—400 一次能运送 400 多人，飞行13500 千米。

　　据国际民航组织统计，2000 年，全世界乘飞机的人数达16.56 亿人次，总周转量达 30173.5 亿人千米。

　　以前，乘飞机被看作一种冒险的、有刺激性的旅行方式，直

到 20 世纪 60 年代后期，才真正成为大众采用的运输方式。

民航机的发展大致可分为两个时代：活塞时代和喷气时代。

活塞时代

飞机用于客运，始于一次大战后。战争刚结束时，商用飞机都使用大量过剩的前军用轰炸机。例如从轰炸机改装的英国维克斯公司 8 座"维米"商用飞机，在敞开的驾驶舱后面有封闭的客舱和柳条编的座椅。其他飞机公司，如英国汉德利·佩季、法国的法尔芒公司也将轰炸机作类似的改型。

另外一些公司则忙于生产新设计的航线飞机。1919 年，德国人容克斯推出了世界上第一种全金属的 4 座单翼民航飞机。荷兰人安东尼·福克在 20 世纪 20 至 30 年代间，生产了一系列民用飞机。1925 年福克 F. 7a/3m （一种飞机型号）开创了三发（发动机个数，即 3 个发动机）飞机设计的新潮流。

1926 年，美国公司在借鉴福克设计的基础上推出一种全金属的三发"福特" 14 座客机。容克斯公司在 1930

英国汉德利·佩季的HP-42

年又推出了一种 Ju—52。这种飞机首先采用在 F—13 上使用的波纹形金属蒙皮，成为很多国家用于民航的首选机种。1931 年，在英国，帝国航空公司引进了 24 座的汉德利·佩季公司的 HP—42，这标志着双翼机在民航飞机设计中的终结。

20 世纪 20 年代，欧洲在民用客机的发展中，曾处于领先地位。福克公司和容克斯公司的一系列优秀的民用飞机，创造了不少远程飞行记录，但进入 30 年代后，世界航空发展的优势逐步落到美国人手中，并且他们把这种优势地位一直保持到今天。

1931 年，波音公司以 B—9 轰炸机为基础，开发出一种新型的民用飞机，称为 B—247，由于它外形新颖，采用了许多新技术，业界公认是第一种现代民航机。B—247 载客 10 人，性能超过当时所有的竞争对手。新飞机于 1933 年 2 月首飞，3 月就在联合航空公司投入使用。到 1933 年夏天，B—247 创造了从美国东海岸到西海岸只需 19 小时 45 分钟的速度记录。

美国道格拉斯的DC-2

另一家美国知名飞机制造商道格拉斯公司 1933 年推出 DC—1，1934 年推出加长型的 14 座 DC—2，与波音公司的 B—247 抗衡，随后又开发了机身加宽、

带卧铺的 DC—3，从此拉开了波音和道格拉斯（后来的麦道公司）两家公司长达数十年的争斗。DC—3 是一种安全、可靠，特别是能赢利的飞机，给空运业带来了一场革命。

喷气时代

20 世纪 50 年代后期，大型干线客机实现了喷气化。喷气式民航机投入使用是民航技术的一次飞越，不仅使民航飞机的速度提高了一倍，而且使飞行高度提高到 11000 米左右的平流层，增加了安全性和舒适性。

按照发展阶段和技术水平进行划代，喷气客机被分成五代：

第一代采用涡轮喷气发动机、后

苏联的图-104

掠翼，与活塞式客机相比大大提高了巡航速度和客运量，使民航运营效率大为提高，代表型号有英国的"彗星"、法国的"快帆"、美国的波音 707、道格拉斯公司的 DC—8 以及苏联图波列夫设计局研制的图—104 等。

英国的四发"彗星"于 1949 年开始设计，1952 年 5 月 2 日开始在伦敦—南非航线上使用。"彗星"最引人注目的特点有两

个，一是速度快，可达 788 千米/小时，这是当时任何客机无法相比的；二是采用密封式座舱，可在更高处飞行，平稳性和舒适性也是前所未有的。由于这些特点，一时间各大航空公司纷纷订购"彗星"飞机。

英国的"彗星"是第一种喷气式客机

波音 707 和 DC—8 采用了后来成为大型客机标准模式的翼吊发动机短舱形式。由于广泛采用涡轮喷气式发动机，第一代喷气式客机油耗率高，噪声大，但其巡航速度较高，机翼升阻比特性较好。通常我们将波音 707、DC—8 等看作是第一代喷气客机的代表。但由于这些型号也在不断改进，新技术不断得到运用，它们后来的改进型已具有第二喷气客机的基本特征。

第二代喷气客机是 20 世纪 60 年代投入使用的，采用涡轮风扇发动机，降低了耗油率，提高了经济性，代表型号有"三叉戟"和波音 707—320B/C 等。

1962 年 1 月，德·哈维兰公司推出它应英国欧洲航空公司的要求研制的短程三发 100 座的 DH. 121 "三叉戟"。一年后，波音公司也推出类似布局的波音 727，但要稍大一些。由于波音 727

尺寸较大，使它几乎囊括了所有西方世界的市场。到1984年停产为止，波音公司生产了1832架波音727，而"三叉戟"只生

美国波音 727

产了117架。但这种英国的三发喷气飞机确实对民用航空的发展作出过重大的贡献。1965年6月，"三叉戟"成为第一架在经营性航线飞行中自动着陆的航线飞机。

1963年8月，新组建的英国飞机公司（BAC）推出"子爵"喷气飞机的后继机——双发80座的BAC—111。1965年2月，道格拉斯公司推出类似布局的DC—9。两种飞机同年投入使用。这时，波音公司忙于销售它的波音707和波音727。1967年，它推出自己的短程双发喷气飞机波音737。

美国波音737

人类飞行器史话

波音 737 是目前世界上 150 座级客机中最大的机群，自 1967 年 4 月首次试飞以来，波音 737—100/—200 和波音 737—300/—400/—500 共交付了 3132 架；1997 年开始交付新一代波音 737—600/—700/—800/—900，迄今订货已超过 1741 架，各型波音 737 总数将大大超过 5000 架。

第二代客机的尺寸往往比第一代小，载客量也少，主要用于中短程航线上，两代相互补充。它的经济性有较大改善。目前，第二代客机的改型仍是世界范围内中短程航线上的主力机型。

第三代喷气式客机于 20 世纪 70 年代投入使用，采用高涵道比涡扇发动机和改进型"尖峰"翼型，代表机型包括美国的波音 747、道格拉斯 DC—10、洛克希德公司 L—1011。

美国波音747

波音 747 是美国波音公司研制的四发宽体远程客机，是世界上最大的民航客机。1965 年 8 月，波音公司开始研制一种载客 500 人的大型宽机身客机，以满足 60 年代末民航旅客增加的需要。1968 年 9 月 30 日第一架波音 747 出厂，截至 1992 年 3 月 31 日，各型波音 747 共获订货 1168 架。波音 747

的巡航高度为13700米，最大载油量134吨，商载90吨，最大马赫数0.88，航程13000千米，它在世界上被各国国际航空公司广泛运营在跨洋航线上。波音747自从1969年第一次投入飞行以来，已经成为飞机中的大哥大：它拥有的庞大机身、4台马力强劲的涡轮风扇发动机、更远的飞行距离和载客量是其他商业飞机无法比拟的，即使在今天，也是如此。

　　第三代喷气客机是针对世界客运量的飞速增长而研制的宽体客机。其机身直径可达5.5～6.6米，是第二代以前所谓"窄体"客机的1.5倍；起飞重量最大可达300吨以上，载客量远程可达400人以上，近程则超过600人。动力装置开始采用推力更大、耗油率更低的高涵道比涡扇式发动机，噪声和振动水平则大大下降。

　　第四代喷气式客机研制始于20世纪70年代，80年代投入使用。当时国际上出现了石油危机，因而这一代飞机采用了更先

美国波音757

进的高涵道比涡扇发动机，耗油率又有降低，提高了经济性。主要机型有：波音757、波音767、欧洲的A310、A320和苏联的伊尔—96、图—204等。

波音 757 飞机是波音家族的新成员，是最经济的中远程双发客机，1982 年开始交付给航空公司使用。波音 757 是在波音 727 的基础上采用新机翼和先进的发动机，修改了机身外形发展而形成的。在 1000 千米航段上比波音 727—100 省油 10%。它主要的机型有 757—200、757—300，巡航高度为 12700 米，载油 34 吨，商载 26 吨，航程可达 7000 千米，最大马赫数 0.86。虽然它比波音 737 飞机的"个头"大，但它可以使用和波音 737 一样的机场进行起降，飞行性能十分良好。

欧洲空中客车工业公司A320系列单通道飞机家族

A320 是欧洲空中客车工业公司研制生产的窄机身客机，最大特点就是采用了电传飞行操纵系统。电传飞行操纵系统的优点是取消了传统的钢索和滑轮，并采用全新的控制准则。如果没有驾驶员的操纵信号或操纵信号不恰当，则飞机自动保持在适当的航迹上。因此 A320 的生存能力高于同类飞机。特别是当电传操纵系统失灵时，备用的机械系统仍可给出适当的控制，使飞机安全着陆。

第五代喷气式客机于 20 世纪 90 年代投入使用。这一代飞机采用了经济性更好的涡扇发动机，翼型设计更加优良，安全性和舒适性也大大提高，代表型号有波音 777、A330 和 A340 等。

美国波音777

波音 777 是波音公司研制的双发动机涡扇远程运输机，也是世界上最大的双发客机，1995 年开始投入使用。它拥有比波音 747 更好的飞行性能，可以提供 380 个客座，最大巡航高度 15000 米。航程可达 14000 千米，最大商载 55 吨。它有两种系列型号：777—200 和 777—300。波音 777 从设计到出厂，没有使用一张纸，被誉为"无纸设计"。它的先进的驾驶舱管理功能使广大飞行员对它无不向往。

A330 是欧洲空中客车工业公司研制的双发中短程宽体客机。1987 年 4 月，A330 和 A340 两个型号同时上马。A330 于 1992 年 11 月 2 日首飞，1993

欧洲空中客车工业公司的A330

人类飞行器史话

年 10 月交付使用。A330 和 A340 采用同样的机身，并且有 85%
的零部件可以通用。

　　由于采用了先进机翼、高效率发动机和大量复合材料，A330
飞机的经济性有了大幅度提高。同时，A330 飞机在客舱的灵活
性和舒适性方面也进行了优化。该机型拥有真正的宽体机身，能
够满足不同运营商对客舱座位数和分级布局的各种需求，因此也
广受市场欢迎。

　　目前除了第一代喷气式客机之外，第二代、第三代、第四代
和第五代同时都在使用，各自在远近不同、繁忙程度不同的航线
上发挥着作用。

灵活无比的直升机

　　直升机是依靠驱动旋翼产生外力，并通过特殊的传动机构和操纵系统改变升力的大小和方向，从而实现飞行的航空器。它不需要起飞滑跑和着陆滑跑，而是直接上升和降落，有利于执行特殊的任务。又由于直升机的体积较小，便于运载和存放，因此，直升机很受人们喜爱。

　　当人类对飞行处于幻想时期的时候，就产生了直升机的基本思想，昭示了现代直升机的原理。最有价值的是我国古代的玩具"竹蜻蜓"和意大利人达·芬奇的直升机设计方案图。

　　竹蜻蜓是我国古代一大发明。玩时，双手一搓，然后手一松，竹蜻蜓就会飞上天空。旋转好一会儿后，才会落下来。这种简单而神奇的玩具，曾令西方传教士惊叹不已，将其称为"中国螺旋"。20世纪30

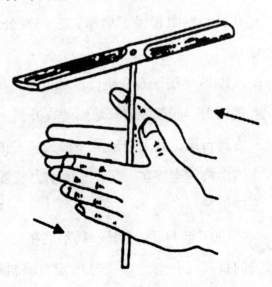

年代，德国人根据"中国螺旋"的形状和原理发明了直升机上天的螺旋桨。

太阳战车
Tai Yang Zhan Che

人类飞行器史话

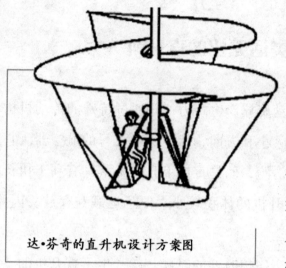

达·芬奇的直升机设计方案图

15 世纪达·芬奇的画是世界上最早的直升机设计方案图。大概也想仿照当时的提水机械，以阿基米德螺线形状的翼面在空气中旋转，实现把人垂直提升到空中的构想。

古时的生产力和科技水平低下，不可能造出实际的直升机，但中国的竹蜻蜓和意大利人达·芬奇的直升机方案图画，为现代直升机的发明提供了启示，它们被公认为是直升机发展史的起始点。

1906 年法国直升机设计师保罗·科尔尼研制出世界上第一架有热动力、能载人离开地面的直升机。这架直升机采用了纵列式双旋翼布局，其主构架是一根大口径的钢管，由钢索系紧并与 6 个辅助构件连接在一起。它的动力装置是一台水冷式安托瓦内特发动机。

1907 年 11 月 13 日，科尔尼在自己家乡附近驾驶自己设计制造的直升机升空。试飞时由于直升机振动太大，驾驶员很难操纵，只好用绳子拴在地面上，作了离地 30 厘米、留空 20 秒的飞行。

科尔尼在首次成功之后的几个月里又继续试飞 15 次，做前飞、后飞达 300 次以上。有一次还把弟弟带着升空，创造了直升机双人升空的纪录。它标志着直升机的发展进入了新阶段。

世界上公认的载人直升机 Fw. 61 是德国直升机设计师 H·福克于 1936 年发明的，1936 年 6 月 26 日成功进行试飞。1937 年 Fw. 61 创造了直升机飞行速度（120 千米/小时）、升限（3416 米）、留空时间（1 小时 20 分）三项世界纪录。

世界公认的第一架实用直升机是由美国的西科斯基完成的。1939 年春，西科斯基完成了 VS—

世界上第一架直升机——美国工程师西科斯基研制成功的VS-300直升机

300 直升机的全部设计工作，同年夏天制造出一架原型机。这是一架单旋翼带尾桨式直升机，装有三片桨叶的旋翼，旋翼直径 8.5 米，尾部装有两片桨叶的尾桨。其机身为钢管焊接结构，由 V 型皮带和齿轮组成传动装置。起落架为后三点式，驾驶员座舱为全开放式。动力装置是一台四气缸、75 马力的气冷式发动机。这种单旋翼带尾桨直升机构型成为现在最常见的直升机构型。

自首次系留飞行以来，西科斯基不断对 VS—300 进行改进，逐步加大发动机的功率。1940 年 5 月 13 日，VS—300 进行了首

次自由飞行，当时安装了 90 马力的富兰克林发动机。

1942年5月交付美国陆军使用的R-4直升机

20 世纪 40 年代，美国沃特—西科斯基公司研制出一种 2 座轻型直升飞 R—4，它是世界上第一种投入批量生产的直升机，也是美国陆军航空兵、海军、海岸警卫队和英国空军、海军使用的第一种军用直升机。

第二次世界大战的军事需要，加速了直升机技术进步和应用的进程，促使直升机发展由探索期进入实用期，直升机开始投入生产线生产。到二战结束时，德国工厂已生产了 30 多

美国AH-64"阿帕奇"

架直升机，美国交付的 R5、R6 直升机已达 400 多架。

20 世纪 70 年代至 80 年代是直升机发展的第三阶段，典型机种有：美国的 S—70/UH—60 "黑鹰"、S—76、AH—64 "阿帕奇"，苏联的卡—50、米—28，法国的 SA365 "海豚"，意大利的 A129 "猫鼬" 等。这一阶段出现了专门的民用直升机。为了深入研究直升机的气动力学和其他问题，这时也设计制造了专用的直升机研究机，例如 S—72 和贝尔 533。各国竞相研制专用武装直升机，促进了直升机技术的发展。

20 世纪 90 年代后，直升机发展进入全新阶段，出现了目视、声学、红外及雷达综合隐身设计的武装侦察直升机。典型机种有美国的 RAH—66 和 S—92，国际合作的 "虎"、NH90 和 EH101 等。

国际合作的"虎"式直升机

直升机可以作低空（离地面数米）、低速（从悬停开始）和机头方向不变的机动飞行，特别是可在小面积场地垂直起降。由于这些特点使其具有广阔的用途及发展前景，直升机在军用方面已广泛应用于对地攻击、机降登陆、武器运送、后勤支援、战场救护、侦察巡逻、指

现代直升机

挥控制、通信联
络、反潜扫雷、
电子对抗等。在
民用方面应用于
短途运输、医疗
救护、救灾救生、
紧急营救、吊装
设备、地质勘探、
护林灭火、空中摄影等。海上油井与基地间的人员及物资运输也
是民用的一个重要方面。

第二章　飞向太空的运载工具——火箭

人类想要飞出地球，遨游太空，首先要有克服地球引力的交通工具。20 世纪初，就有形形色色的关于宇宙梯、空间桥、通天塔的设想。自从齐奥尔科夫斯基第一个提出应用火箭实现征服太空的方案后，科学家们就开始集中力量进行飞向太空的助推器的研究。经过半个多世纪的研究和试验，人类终于将梦想变为现实，开辟了通向太空的道路。

火箭技术源远流长

现代火箭是从古代火箭发展而来的，而最早的火箭是中国人发明的。

公元240 年，诸葛亮率兵攻打郝昭军营，架起云梯衡车以临城下。郝昭将捆绑有火把的箭射向云梯，把云梯点燃，将爬上云梯的将士全都活活烧死。这是关于"火箭"一词最早记载。

此时的火箭实际上就是带火的箭。火和箭有机地结合在一起是黑火药发明并得到广泛应用以后的事。这之前，所谓的火箭均为"燃烧箭"，只是在箭杆前部绑有易燃物，点燃后用弓或弩射

人类飞行器史话

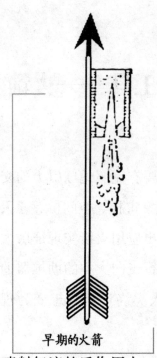

早期的火箭

出的普通箭。黑火药发明之后的火箭，则是靠火药燃烧时喷发燃气的反作用力推进而向前飞行的火箭。实际是"向后喷火的箭"。

最早的"向后喷火的火箭"是我国宋朝的冯继升、岳义方以及唐福等人发明的。这种火箭是一种原始火箭，箭上有一个纸筒，里面装满火药，纸筒的尾部有一根引火线，通过引火线将火药点燃，变成一股猛烈的气流从尾部喷射出去，利用喷射气流的反作用力，火箭就能飞快地前进。从靠人力用弓发射出去的火箭到直接利用火药的力量来推进火箭，显然是一个了不起的飞跃。

这种原始火箭虽然仍依靠箭头杀伤敌人，也没有专门的发射设备，但它的射击距离要比弓射远得多，这在当时已经是一种很先进的武器了。

公元 16 世纪，明朝

火龙出水

的戚继光抗击沿海入侵的倭寇，曾使用过重达两斤多的火箭，射程有 100～200 米。明朝茅元仪所编的《武备志》里，记述了当时的多种火箭武器。其中值得特别注意的是一种取名"火龙出水"的武器。它的外形是一个雕刻着龙头和龙尾的圆筒，筒内藏着一组火箭，推动筒身向前飞行，待筒外火箭的火药燃尽，再引向筒内火箭，筒内的火箭可以比单支火箭射得远。这实际已经是多级火箭的雏形了。

印度研制的GSLV系列地球同步卫星运载火箭

另外一种是我国明朝使用过的火箭武器"一窝蜂"：许多箭插在一个筒内，同时点火射出，可加强杀伤威力，它是今日在战争中广泛使用的火箭筒的鼻祖。

大约在 13 世纪，我国的火箭技术相继传入印度和阿拉伯国家，以后又传入欧洲。从 13 世纪到 18 世纪中叶，火箭技术没有

什么创新，基本制造方法没有多少改变，我国在这段时间仍处于领先地位。18 世纪后期，印度火箭取得了较大的进步，改用铁皮制造药筒，能承受较大的压力，加之火药的性能也有了较大的改善，从而使火箭的射程超过 1 千米，这在当时简直是不可思议。

印度火箭的卓越性能引起欧洲火箭技术的飞速发展，欧洲各国普遍加快了研制火箭的步伐。19 世纪末 20 世纪初，近代火箭技术发展起来，代表人物有苏联的齐奥尔科夫斯基、美国人戈达德和德国人布劳恩。

齐奥尔科夫斯基

齐奥尔科夫斯基毕生从事火箭技术和航天飞行的研究。在他的科学论文《太空火箭列车》中，对火箭飞行的思想进行了深刻的论证，最早从理论上证明用多级火箭可以克服地心引力进入太空。他建立了火箭运动的基本数学方程，奠定了理论基础。他预想到现代火箭的真实结构，并论述了关于液氢液氧作为推进剂用于火箭的可靠性，设想用新的燃料（原子核分解的能量）来做火箭的动力。他具体阐明了用火箭进行航天飞行的条件，火箭由地面起飞的条件，人造地球卫星及实现飞向其他行星所必需中间站的设想。

他还提出了许多的技术建议，如建议用燃气舵控制火箭，用

泵来强制输送推进剂，以及用仪器自动控制火箭等，都对现代火箭和航天飞行的发展起了巨大作用。

戈达德是美国的物理学家和现代火箭技术的先驱者，他发明并制造了世界第一枚液体火箭。在 1919 年发表的《达到超高空的方法》文章中，他论述了用火箭作高空大气研究和达到月球的可能性。1925 年，他制造了第一个 5.5 千克的小型液体火箭发动机，并成功燃

戈达德和他的火箭

烧了 27 秒钟。戈达德对这次成功感到非常兴奋，下决心要让火箭飞上天。1926 年春天，戈达德的第三台液体火箭发动机试制成功，并被组装在世界上第一枚液体火箭上。这枚火箭长 3 米，直径约 15 厘米。液体燃料仅燃烧了 2.5 秒，飞行高度只有 12 米，飞行距离仅 56 米，效果并不理想，但却打开了液体火箭技术的大门。

当戈达德致力于液体火箭技术研究的时候，德国人也加快了对液体燃料火箭的研究步伐，成立了以年轻的太空旅行学会会员布劳恩为主的液体燃料火箭设计研究小组。

在布劳恩的领导下，1933 年德国很快研制出了专门用于试验

的"A—1"型液体火箭。这种长 1.4 米，直径 0.3 米，重量达 150 千克的火箭，用酒精和液氧作推进剂，发动机推力达到了 300 千克，在当时是无与伦比的大型火箭。在第二年冬天，成功地试射了"A—1"型火箭的改进型"A—2"火箭，在第三年又完成了"A—3"型火箭的试制。不久，"A—4"型导弹火箭问世。

"航天第一设计师"——布劳恩

1942 年底，代号为"樱桃核"的飞航式导弹出世了。这种导弹重 2200 千克，弹长 7.6 米，战斗部装药近 1000 千克，射程可达 370 千米。

由于纳粹党的宣传部长培尔觉得"樱桃核"这个代号不响亮，于是便将这种导弹命名为"V—1"导弹。因为"V"既有英文"胜利"的含义，同时也是德文"复仇"一词的第一个字母。

1942 年 10 月发射"V—2"导弹。导弹重约 13 吨，弹长 14 米，直径 1.6 米，战斗部装药 800 千克，最大飞行速度 1700 米/秒，最大推力可达 27 吨，弹道高 100 千米，射程 320 千米。采用具有程序装置及测速仪器的自主式陀螺控制系统，导弹命中率大为提高。

"V—2"导弹是世界上第一枚弹道导弹，体现了当时最先进

的火箭制造技术，是现代火箭技术发展史的重要一页。

第二次世界大战以德军战败结束。苏军首先攻占"V—2"的生产基地。苏军将基地内的火箭制造工艺人员、图纸和机器设备全部运回苏联，而以布劳恩为首的高级设计人员都投奔了美国。美国和苏联两个超级大国相互竞争，火箭制造技术日趋完善。到了20世纪90年代，能够制造火箭的国家有美、俄、法、日、中、印、以、巴等，火箭家庭也在不断扩大。

德国"V-2"导弹

人
类
飞
行
器
史
话

用途各样的现代火箭

　　火箭的实质是一种无人驾驶的飞行器，也叫空间运载工具。人们使用各式各样的火箭，基本目的只有一个：携带物体飞越空间。军用火箭把爆炸装置送向目标；探空火箭把科学仪器送上高层大气层；运载火箭把航天器送入太空；小型助推火箭控制航天器的姿态或修正航天器的飞行轨道。

导弹

航展上的中国C-802反舰导弹

导弹的原意是指所有投向和射向敌方的物体，包括弓箭、子弹和其他武器。在现代军事词汇里，导弹一般专指利用火箭或空气喷气发动机推进，从空中射向敌方的爆炸装置。火箭发动机和空气喷气发动机的区别在于：火箭自己携带助燃的氧化剂，而空气喷气发动机则从它飞过的空气中吸取氧气。

导弹种类繁多，分类方法各异。按照发射点和目标的相对位置，导弹可分为地地导弹、地空导弹、空空导弹和空地导弹四类。根据弹道特征还可分为弹道导弹和巡航导弹，例如我国的"鹰击2号"（C—802）就是反舰巡航导弹。

导弹通常由战斗部、弹体结构、动力装置和制导系统组成。战斗部又叫弹头，是用于毁伤目标的专用装置；弹体结构是把导弹各部件连接起来的支承结构；动力装备是导弹飞行的动力源；制导系统用于控制导弹的飞行方向、姿态、高度和速度，引导导弹或弹头准确地飞向目标。

探空火箭

探空火箭是在高空进行探测和科学实验的火箭。它是在运载火箭的基础上，在火箭头部安放一些探侧仪器，使之成为能够对高空大气的各层结构、成分及参数进行直接探测的火箭。探空火箭系统一般由有效载荷（大多装在箭头的仪器舱内）、火箭、发射装置和地面台站组成。

探空火箭通常可按研究对象分类，如气象火箭、生物火箭、地球物理火箭等。气象火箭多用于 100 千米以下高度的大气常规探测；生物火箭用于外层空间的生物学研究；地球物理火箭用于地球物理参数探测，使用高度大多在 120 千米以上。

探空火箭所获取的资料可用于天气预报、地球和天文物理研

太阳战车
Tai Yang Zhan Che

人类飞行器史话

探空火箭

究，为弹道导弹、运载火箭、人造卫星、载人飞船等飞行器的研制提供必要的环境参数。探空火箭还可用于某些特殊问题的试验研究，例如利用探空火箭提供的失重状态研究生物机体的变化和适应性，利用探空火箭进行新技术和仪器设备的验证性试验等。

世界第一枚专门用于高空大气探测的多级液体燃料火箭是美国于 1945 年秋研制成功的"女兵下士"火箭。它能将 11 千克的有效载荷送到 70 千米的高空。此后，美国和苏联利用缴获的 V—2 火箭发射了一批探空火箭。50 年代的国际地球物理年活动大大推动了探空火箭的发展，许多国家开始了探空火箭的研制。到 80 年代，世界上已有 20 多个国家发展或使用了探空火箭。探空火箭的年发射量高达数千枚。

探空火箭的发射，使人类获得了有关地球在气层的物理和化学性质、地磁场、宇宙辐射和太阳辐射、X 射线和紫外辐射以及微陨石等大量宝贵资料，这些资料广泛应用于天气预报、地球物理和天文物理的研究，为弹道导弹、运载火箭、人造地球卫星、载人飞船等飞行器的研制提供了必不可少的环境参数。

运载火箭

由多级火箭组成的航天运载工具，其用途是把人造卫星、载人飞船、空间站或空间探测器等有效载荷送入预定轨道。运载火箭一般由2~4级火箭组成。火箭每一级都有自己的箭体结构和动力装置。级与级之间靠级间段连接。末级有仪器舱，内装制导与控制系统、遥测系统以及安全系统。有效载荷装在仪器舱上面，外面套有整流罩。

早期的运载火箭大多数是由弹道式导弹改进而成，后来为适应不同航天发射任务的需要，专门研制了系列化的运载火箭。许多运载火箭的第一级外围捆绑有火箭助推器。助推器可以是固体或液体火箭，其数量可根据运载能力的需要来选择。

美国"土星1B号"运载火箭

无论是固体运载火箭还是液体运载火箭，单级运载火箭还是多级运载火箭，其主要的组成部分有结构系统、动力装置系统和控制系统。这三大系统称为运载火箭的主系统，主系统工作的可靠与否，将直接影响运载火箭飞行的成败。此外，运载火箭上还有一些不直

人类飞行器史话

接影响飞行成败并由箭上设备与地面设备共同组成的系统，例如，遥测系统、外弹道测量系统、安全系统和瞄准系统等。

运载火箭的捆绑技术

运载火箭是第二次世界大战后在导弹的基础上开始发展的。第一枚成功发射卫星的运载火箭是苏联用洲际导弹改装的卫星号运载火箭。到 20 世纪 80 年代，苏联、美国、法国、日本、中国、英国、印度和欧洲空间局已研制成功 20 多种大、中、小运载能力的火箭。各国使用的主要运载火箭有：美国的"土星"号、苏联的"质子号"和"能源号"巨型运载火箭，美国的"大力神"号、欧洲航天局 11 个成员国联合研制的"阿里亚娜"号、中国的"长征"号大型运载火箭，苏联的"东方"号和日本的 N 号中型运载火箭等。

推力器

为了能够在太空控制航天器的飞行姿态或者修正它的飞行轨道，许多航天器都装备小推力（火箭）发动机，叫做推力器。它们能够帮助航天器改变飞行速度和方向，进入更高的轨道或准备返回地球。

屡创佳绩的苏联运载火箭

发展航天飞行的运载火箭，无疑是 20 世纪航天史上最重大的成就之一。1957 年 10 月 4 日，苏联用"SS—6"洲际导弹改装成运载火箭将世界上第一颗人造地球卫星送入近地轨道，从此运载火箭便作为航天运载工具正式登上历史舞台。

"东方号"系列运载火箭

"东方号"系列火箭是世界上第一个航天运载火箭系列，包括"卫星号""月球号""东方号""上升号""闪电号""联盟号""进步号"等型号，后四种火箭又构成"联盟号"子系列火箭。

苏联"东方号"系列火箭是世界上第一个航天运载火箭系列

"东方号"运载火箭的中心是一个两级火箭，周围有四个长 19.8 米、直径 2.68 米的助推火箭。中心的两级火箭，一子级长 28.75 米，二子级长 2.98 米，呈圆筒形状。发射时，中心火箭发动机和四个助推火箭发动机同时点火。大约两分钟后，助推火箭

太阳战车
Tai Yang Zhan Che

人
类
飞
行
器
史
话

分离脱落，主火箭继续工作两分钟后，也熄火脱落。接着末级火箭点火工作，直到把有效载荷送入绕地球的轨道。

"东方号"火箭因发射"东方号"宇宙飞船而得名，1961年4月12日把世界上第一位航天员加加林送上地球轨道飞行并安全返回地面。

"联盟号"系列运载火箭

"联盟号"火箭是"联盟号"子系列中的二级型火箭

"联盟号"系列运载火箭是世界上历史最久、发射次数最多的多用途火箭。

"联盟号"运载火箭是"东方号"运载火箭系列中的一个子系列。它分为三级型"联盟号"火箭和二级型"联盟号"火箭。二级型"联盟号"火箭根据有效载荷又可分为"上升号""联盟号"和"进步号"等几种状态。

三级"联盟号"火箭于1960年10月开始发射，1961年2月首次发射成功，将第一颗"金星"探测器送入日心轨道。后又用于发射世界上第一颗"火星"探测器和"月球4~14号"探测器。自1965年4月开始发射"闪电号"通信卫星后，三级型

"联盟号"火箭就又称作"闪电号"运载火箭。此外，该火箭还用于发射预警卫星。

二级型"联盟号"于 1963 年 11 月 16 日进行首次发射，将第二代照相侦察卫星"宇宙—22"送入近地轨道。1964 年 10 月发射了第一颗"上升号"载人飞船，首次实现了多人航天和空间舱外活动。从 1967 年 4 月开始发射"联盟号"载人飞船，从 1978 年 1 月开始发射"进步号"无人供货飞船。

"联盟号"是一种多用途运载火箭，也是世界上发射次数最多的一种火箭。"联盟号"和"闪电号"运载火箭至今一直在使用。

"能源号"系列运载火箭

1987 年 5 月 15 日，苏联从拜科努尔航天中心成功发射一枚超级运载火箭。它的总设计师古巴诺夫披露了这种巨型火箭的细节：火箭长约 60 米，总重 2400 吨，起飞推力 3500 吨，能把 100 吨有效载荷送上近地轨道。

这种命名为"能源号"的运载火箭由两级组成。第一级捆绑 4

"能源号"运载火箭是前苏联的一种重型的通用运载火箭

台液体助推火箭，高 39 米，直径 4 米；第二级为直径 8 米的芯级，由 4 台液氢液氧发动机组成。发射时，一、二级同时点火，第一级 4 台助推火箭工作完成后，由地面控制脱离芯级火箭回收，经修理后可重复使用 50 次；第二级即芯级火箭可将有效载荷送入地球轨道运行。

1988 年 11 月 15 日，"能源号"火箭将无人"暴风雪号"航天飞机送入太空轨道飞行，成为苏联运载火箭发展的一个新的里程碑。

"质子号"系列运载火箭

苏联"质子号"系列运载火箭

"质子号"是苏联第一种专为发射地球同步卫星和大型空间结构而研制的运载火箭系列。该系列共有质子 2、3 和 4 三个型号。在"能源号"于 1987 年研制成功之前，"质子号"曾是苏联最大的运载火箭。

"质子号"火箭从 20 世纪 60 年代中期以来一直是苏联及其航天力量的继承者俄罗

斯在发射大型航天器时的主要运载工具。由于"N—1"探月火箭的研制失败和对"能源号"运载火箭的弃用,"质子号"火箭实际上成为俄罗斯现在拥有的发射能力最强的运载火箭。

"质子2"为二级火箭,全长41米,芯级最大直径7.4米,1965年7月16日首次发射成功。"质子3"为三级火箭,全长57米,芯级最大直径7.4米,曾用于发射"礼炮1"～"礼炮7"空间站和"和平号"空间站的各个舱段。它1968年11月16日首次发射成功,将"质子4号"卫星送入轨道。国际空间站俄制大型舱段也由该型号火箭发射。

由于"质子号"使用剧毒的可贮存液体燃料,一旦发射失败可能对发射场周边地区造成严重污染,所以俄罗斯已决定用新研制的"安加拉号"(使用液氧/煤油作为推进剂)来取代它。

第二章 飞向太空的运载工具

人
类
飞
行
器
史
话

闻名遐迩的美国运载火箭

把美国第一颗人造卫星"探险者1号"送上太空飞行的，是著名火箭专家冯·布劳恩主持研制的"丘比特C"运载火箭。1958年2月1日，布劳恩用"丘比特"导弹改装的运载火箭，开辟了美国征服太空的新纪元。此后，美国先后用几种中程和洲际导弹，经过改进研制成为"雷神""宇宙神""大力神"，以及"德尔塔"等几种不同用途的运载火箭。

"雷神"系列运载火箭

美国"雷神"系列运载火箭

"雷神"系列运载火箭是在"雷神"中程弹道导弹的基础上发展起来的，主要用来发射军用卫星和早期的航天探测器。该系列包括"雷神—艾布尔""雷神—艾布尔星""雷神—博纳""加大推力雷神—阿金纳"等型号。

"雷神—艾布尔"型是三级运载火箭，综合了"雷神"中程导弹和

"先锋号"火箭而成，箭长 27.28 米，最大直径 2.44 米。

"雷神—艾布尔星"是"雷神—艾布尔"的改进型，其长度缩短，运载能力增大，结构简化，可靠性增强。该箭长 24.11 米，最大直径 2.44 米。

"雷神—博纳"是为满足美国空军发射中、小型卫星而设计的。箭长 21.56 米，最大直径 2.44 米。

"加大推力雷神—阿金纳 D"型火箭是为发射大质量侦察卫星而研制的，在"雷神"基础级上增加 3 台固体助推器，并组合"阿金纳 D"上面级而形成。箭长 29 米，最大直径 2.44 米。

"雷神"是美国发射早期小型卫星如"发现者号"的运载火箭，现已不常用。

"宇宙神"系列运载火箭

"宇宙神"系列运载火箭由美国通用动力公司制造的"宇宙神"洲际弹道导弹发展而成的，主要有"宇宙神 D""宇宙神多级系列""宇宙神 I"等型号系列。

"宇宙神 D"是美国发射载人飞船的第一枚运载火箭，该火箭是在"宇宙神 D"洲际弹道导弹的基础上经适当改进而成，箭长 29.07 米，最大直径 4.87 米。

"宇宙神—半人马座号"火箭为多级火箭。该火箭是"宇宙神"火箭系列中首次使用低温液氢液氧上面级的火箭，箭长

38.35 米，最大直径 4.87 米。

美国"宇宙神"系列运载火箭

"宇宙神 I"是"宇宙神 G—半人马座 D—1A"的一个改进型。地球同步转移轨道运载能力为 2.25 至 2.34 吨，主要用于商业发射。

目前经常使用的是"宇宙神 D 号"和"宇宙神—半人马座号"两种型号。它们除作为"月球号"和"火星号"星际探测器的运载工具外，曾用来发射过通信卫星和"水星号"载人飞船。

"大力神"系列运载火箭

"大力神"系列运载火箭由马丁·玛丽埃特公司研制生产，共有 6 种型号，包括"大力神 2""大力神 3""大力神 34""大力神 4""商业大力神 3"子系列火箭。它们主要发射各种军用卫星，也发射了"太阳神号""海盗号""旅行者号"等行星和行星际探测器。

"大力神 2"系列火箭有"大力神 2LV—4""大力神 2SLV""大力神 2S"等几种型号。"大力神 2LV—4"是为"双子星座"

人类飞行器史话

载人飞船计划服务，火箭长 33.22 米，最大直径 3.05 米。

"大力神 3"系列火箭由美国国防部主持研制，有 A、B、C、D、E 五种型号，可发射各种轨道卫星，有代表性的是"大力神 3C"火箭。该火箭由"大力神 3A"发展而来，主要用于发射军用同步轨道卫星。火箭最长 50.6 米，最大直径 9.7 米。

美国 "大力神" 系列运载火箭

"大力神 34"系列火箭有 34B、34D、34D/惯性上面级、34D/过渡级等几种型号，主要用于发射军用卫星。"大力神 34B"为三级火箭，最大直径 3.05 米。"大力神 34D"长 49.35 米，最大直径 9.82 米。

"商业大力神 3"火箭是"大力神 34D"的改进型，其设计完全出于商业目的，火箭的各种整流罩可适用于目前各种商业有效载荷。火箭长 48.2 米，最大直径 9.82 米。

"大力神 4"系列火箭是"大力神 34D"的改型，系美国空军预备在航天飞机不能满足军需时使用的火箭，主要用于发射太阳同步轨道大型军用卫星及其他军用卫星。

人
类
飞
行
器
史
话

"德尔塔"系列运载火箭

美国"德尔塔"系列运载火箭

"德尔塔"系列运载火箭由美国科麦道公司研制生产。它是在"雷神"中程导弹基础上发展起来的航天运载器。它是世界上成员最多、改型最快的运载火箭系列(改型达40余次),其发射次数居美国其他各型火箭之首。同时,该型火箭发射了世界第一颗地球同步轨道卫星。

"德尔塔"火箭于1960年5月首次发射,它先后发射过"先驱者号"探测器、"泰罗斯"气象卫星、"云雨号"卫星、"辛康号"卫星、"国际通信卫星Ⅱ号""国际通信卫星Ⅲ号"等。

"德尔塔号"三级火箭有两种型号,总长38.4米,起飞重量分别为220吨和230吨。一种的同步转移轨道运载能力为1.4吨,另一种的同步转移轨道运载能力为1.8吨。

走向世界的中国"长征"系列火箭

1964年6月29日，我国自行设计制造的第一枚单级液体火箭"东风2号"从东方地平线上腾空升起，揭开了我国现代火箭发展的序幕。几十年来，已先后成功研制了近程、中近程、远程及洲际导弹和一系列战术导弹系列，为国防现代化作出了巨大贡献。

"长征1号"运载火箭

"长征"是我国运载火箭系列的名称，它表示曾经发明火箭的中华民族在今天以自立于世界之林的长征精神开始向太空进军。1965年，为适应发射人造卫星的需要，我国开始研制多级运载火箭。经过五年的时间，"长征1号"运载火箭于1970

中国"长征1号"系列运载火箭

人类飞行器史话

年 4 月 24 日将我国第一颗卫星"东方红 1 号"送上地球轨道，随着太空传来《东方红》乐曲声而名扬天下。

"长征 1 号"是为发射我国第一颗人造地球卫星"东方红 1 号"而研制的三级运载火箭。它的一、二级火箭采用当时的成熟技术，并为发射卫星做了适应性修改，第三级是新研制的以固体燃料为推进剂的上面级。1971 年 3 月 3 日，"长征 1 号"火箭第二次发射，把"实践 1 号"科学试验卫星准确送入轨道，又一次取得圆满成功。"长征 1 号"火箭的运载能力为 300 千克，共进行了两次发射，均获得成功。

我国第一颗人造卫星的发射，虽然比苏联发射的世界上第一颗人造卫星晚了 13 年，但在当时经济、技术比较落后，工业基础还比较薄弱的中国，完全是依靠自己的力量实现的，是中国航天事业发展的良好开端。

"长征 2 号"运载火箭

"长征 2 号"运载火箭是从洲际导弹的基础上发展而来的，并于 1975 年 11 月 26 日发射了 1 吨多重的近地轨道返回式卫星，成功地回收了返回舱。此后，又根据发射卫星的需要，陆续衍生出"长征 2 号丙""长征 2 号丙改进型""长征 2 号丁""长征 2 号 E""长征 2 号 F"等运载火箭。在长征火箭大家族中，"长征 2 号"系列主要用于发射各类近地轨道

卫星。

"长征2号E"火箭是以加长型"长征2号C"为芯级，并在第一级周围捆绑4个液体助推器组成的低轨道两级液体推进剂火箭。它的近地轨道运载能力高达9.2吨。"长征2号E"于1990年试射成功，后经适当适应性修改后，还可以用来发射小型载人飞船。

中国"长征2号"运载火箭

为满足发射"神舟"飞船的要求，保证航天员的安全，我国又在"长征2号E"的基础上增强了可靠性并增设了故障检测系统和逃逸救生系统，从而发展出了"长征2号F"运载火箭，专门用来发射"神舟"载人飞船。

由于"长征2号"火箭的质量和可靠性非常高，1975 - 1996年连续成功地把17颗返回式卫星送上天，在国际卫星发射市场上获得了非常好的声誉。

"长征3号"运载火箭

"长征3号"运载火箭是为发射我国通信卫星而研制的。

它是在"长征2号"二级火箭上面加了一个以液氢、液氧为推进剂的第三级，所用的液氢液氧发动机可以二次启动，在技术上达到当时国际先进水平，是我国火箭技术发展的一个重要里程碑。

中国 "长征3号甲" 运载火箭

1984年，"长征3号"成功地发射了我国第一颗地球同步试验通信广播卫星"东方红2号"。1985年，中国宣布进入国际商业卫星发射市场。1990年，我国首次用"长征3号"运载火箭将美国休斯公司制造的"亚洲1号"卫星送入地球同步轨道。此后，"长征3号"系列不断增加新成员，如"长征3号甲""长征3号乙"，主要用于发射地球静止轨道卫星。

"长征3号"运载火箭的研制过程中，解决了低温推进、发动机在失重条件下高空二次点火和大型运载火箭的纵向耦合振动等技术难题。现在世界上只有少数国家掌握氢氧发动机技术，它的研制成功，标志着我国运载火箭技术已跻身于世界先进行列。

"长征4号"运载火箭

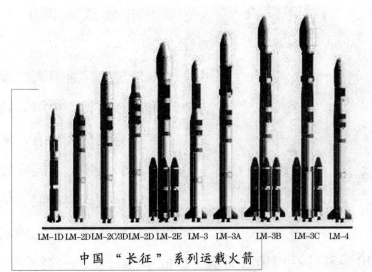

LM-1D LM-2D LM-2C/3D LM-2D LM-2E LM-3 LM-3A LM-3B LM-3C LM-4

中国"长征"系列运载火箭

"长征4号"运载火箭是为发射太阳同步轨道卫星研制的三级运载火箭。1988年9月7日首次发射成功,将一颗实验型气象卫星"风云1号"送入太阳同步轨道。"长征4号"系列运载火箭包括"长征4号甲""长征4号乙""长征4号丙"三种型号。

"长征5号"运载火箭2015年有望亮相

据了解,由天津生产的新一代运载火箭"长征5号"预计将于2015年亮相。新一代运载火箭使用的是120吨液氧煤油发动机和50吨氢氧发动机,无毒、无污染、高性能、低成本和大推

人
类
飞
行
器
史
话

中国 "长征5号" 火箭模型

力是其五大特征。新一代运载火箭的研制将最终实现近地轨道运载能力达到25吨，地球同步转移轨道运载能力达到14吨。

经过几代航天人的艰苦奋斗和顽强拼搏，中国运载火箭技术研究院从无到有，从小到大，从弱到强，发展成为我国最大的运载火箭研制、试验和生产基地。研究院先后成功研制了10种长征系列运载火箭，形成了"长征"火箭系列型谱，能发射近地轨道、太阳同步轨道、地球同步转移轨道卫星或航天器；实现了从常规推进剂到低温推进剂、从串联到捆绑、从一箭单星到一箭多星、从发射卫星到发射载人飞船的技术跨越，奠定了我国航天事业发展的基础，使航天发射技术处于世界先进水平。

第三章　传输信号的人造天体
——人造地球卫星

1957 年 10 月 4 日，苏联在拜科努尔发射场发射了世界上第一颗人造地球卫星，并被送入轨道，人类从此进入了利用航天器探索外层空间的新时代。

第一颗人造地球卫星问世

卫星是指在宇宙中所有围绕行星轨道上运行的天体。环绕哪一颗行星运转，就把它叫做哪一颗行星的卫星。比如，月亮环绕着地球旋转，它就是地球的卫星。"人造地球卫星"简称"人造卫星"，就是我们人类"人工制造的卫星"。1957 年 10 月 4 日，苏联发射了第一颗人造地球卫星。这一事件具有划时代的意义，它宣告人类已经进入太空时代。

第一颗人造地球卫星的设计和制造，主要由苏联著名的火箭和宇航设计师科罗廖夫领导的试验设计局完成。卫星呈球形，由铝合金制成，直径 58 厘米，重 83.6 千克。它沿着椭圆轨道飞行，每 96 分钟环绕地球一圈。卫星载有两部无线电发报机，通

过安置在卫星表面的 4 个天线，发报机不断地把最简单的信号发射到地面，发出"滴——滴——滴"的声音。世界各地许多无线电爱好者当时都接收到了这一来自外空的信号。一些人围着收音机，侧耳倾听着初次来自太空的声音；另一些人则仰望天空，试图用肉眼在夜晚搜索人造地球卫星明亮的轨迹。

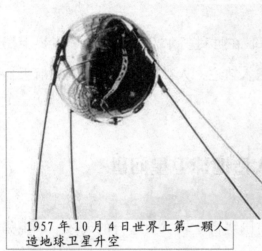

1957 年 10 月 4 日世界上第一颗人造地球卫星升空

这颗人造卫星安装在三级火箭的最顶端，随着一声巨响，火箭载着卫星射向空中，第一级火箭燃烧完了自动脱落，第二级火箭发动机推动其上升，燃烧完了自动脱落，火箭变得更轻了，飞行速度也更快了。随着速度的增加和空气阻力减小，它飞得越来越高。第三级火箭把卫星送到大气层以上，人造卫星从第三级火箭中弹出，达到第一宇宙速度（7.9 千米/秒），进入环绕地球轨道独自在太空飞行。

第一颗人造地球卫星在近地轨道上运行了 92 个昼夜，绕地球飞行 1400 圈，总航程 6000 万千米，于 1958 年 1 月 4 日陨落。为了纪念人类进入宇宙空间的这一伟大创举，苏联在莫斯科的列宁山上建立了一座纪念碑，碑顶安放着这颗人造天体的复制品。

一个月后，1957 年 11 月 3 日，苏联又发射了第二颗人造地

太空狗 "莱卡"

球卫星，它的重量一下增加了 5 倍多，达到 508 千克。这颗卫星呈锥形，为了在卫星上节省出位置增设一个密封生物舱，不得不把许多测量仪器移到最末一节火箭上去。在圆柱形的舱内，安然静卧着一只名叫"莱卡"的小狗。小狗身上连接着测量脉搏、呼吸、血压的医学仪器，通过无线电随时把这些数据报告给地面。为了使舱内空气保持新鲜清洁，还安装了空气再生装置和处理粪便的排泄装置。舱内保持一定的温度和湿度，使小狗感到舒适。另外还有一套自供食装置，一天 3 次定时点亮信号灯，通知莱卡用餐。使人遗憾的是，由于当时技术水平的限制，这颗卫星无法收回，试验狗在卫星生物舱内生活了一个星期，完成全部实验任务后，只好让它服毒自杀，成为宇航飞行中的第一个牺牲者。

　　随着苏联第一颗人造地球卫星的发射成功，人类利用人造天体研究和开发宇宙的时代开始了。在苏联成功发射人造卫星的刺激下，美国加紧了运载火箭的研制。1957 年 12 月 4 日，美国人

匆匆发射第一颗卫星，但点火后仅两秒钟就爆炸了，直至次年的 2 月 1 日，美国才调用前德国火箭专家布劳恩研制的"丘比特 C 号"火箭将一颗重 14 千克的人造卫星"探索者 1 号"送入地球轨道。

此后，英国、加拿大、法国、澳大利亚、前西德、日本、中国、印度也相继将各自的人造卫星送入了地球轨道。

世界主要国家第一颗人造地球卫星有关资料

国家	发射时间	重量（千克）	形状	尺寸（米）
苏联	1957.10.4	83.6	球体	直径0.58
美国	1958.2.1	8.3	圆柱体	高0.75，直径0.153
英国	1962.4.26	60	圆柱体	高0.56，直径0.58
加拿大	1962.9.29	144.7	扁球	高0.81，直径1.06
法国	1968.11.26	41.7	圆柱体中段	高0.53，直径0.55
澳大利亚	1967.11.29	71.2	锥体	高1.52，底径0.62
西德	1969.11.8	72	圆柱体加锥顶	长1.23，直径0.76
日本	1970.2.11	38	锥体	高1.00，底径0.48
中国	1970.4.24	173	球形多面体	直径1.00
印度	1975.4.19	365	圆柱体	高1.19，直径1.59

人造地球卫星与飞行轨道

人造卫星是发射数量最多的一种航天器，占全部航天器的90%左右，在科学、军事和国民经济各个方面都得到了极其广泛的应用。如果按用途划分，人造地球卫星一般可分为：科学卫星、技术试验卫星和应用卫星。

科学卫星是用于科学探测和研究的卫星，主要包括空间物理探测卫星和天文卫星。科学卫星使用的仪器包括望远镜、光谱仪、电离计、压力测量仪和磁强计等。借助这些仪器可研究

科学卫星

高层大气、地球辐射带、地球磁层、宇宙线、太阳辐射和极光，观测太阳和其他天体。

技术试验卫星是进行新技术试验或为应用卫星进行试验的卫星。航天技术中有很多新原理、新材料、新仪器，其能否使用，必须在天上进行试验；一种新卫星的性能如何，也只有把它发射

到天上去实际"锻炼",试验成功后才能应用。这类卫星数量较少,但试验内容广泛,例如生物对空间环境适应性的试验、载人飞船生命保障系统和返回系统的验证试验、无线电新频段的传输试验、新遥感器的飞行试验和轨道上截击试验等等。

卫星导航定位

应用卫星是直接为国民经济和军事服务的卫星,在所有人造地球卫星中其种类最多,发射数量也最多,其中包括:通信卫星、气象卫星、侦察卫星、导航卫星、测地卫星、地球资源卫星、截击卫星等等。

我们在了解了卫星的种类以后,再来思考一个问题,为什么这些人造地球卫星"不吃不喝"也能按预定的轨道飞行呢?

地球对周围的物体有引力的作用,因而抛出的物体要落回地面。但是,抛出的初速度越大,物体就会飞得越远。牛顿在思考万有引力定律时就曾设想过,从高山上用不同的水平速度抛出物体,速度一次比一次大,落地点也就一次比一次离山脚远。如果没有空气阻力,当速度足够大时,物体就永远不会落到地面上来。科学家用飞行速度极快的火箭把人造地球卫星发射到预定的

轨道，使它环绕着地球或其他行星运转，这样，即使人造地球卫星"不吃不喝"也可以按预定的轨道飞行了。

人造卫星的运行轨道除近地轨道外，通常有三种：地球同步轨道、太阳同步轨道、极轨轨道。

卫星轨道高度达到 35786 千米，并沿地球赤道上空与地球自转同一方向飞行时，卫星绕地球旋转周期与地球自转周期完全相同，相对位置保持不变。此卫星在地球上看来是静止地挂在高空，称为地球静止轨道卫星，简称

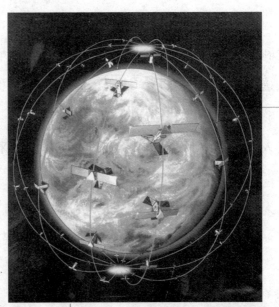

卫星分布图

静止卫星。在静止轨道上卫星可以看到40%的地球表面，这对通信非常有利，可实现全球范围的信息传递和交换。一般通信卫星、广播卫星、气象卫星选用这种轨道。

太阳同步轨道是轨道平面绕地球自转轴旋转的，方向与地球公转方向相同，旋转角速度等于地球公转的平均角速度（360 度/年）的轨道，它距地球的高度不超过 6000 千米。在这条轨道上运行的卫星以相同的方向经过同一纬度的当地时间是相同的。一

人
类
飞
行
器
史
话

般气象卫星、地球资源卫星采用这种轨道。

极地轨道是倾角为 90 度的轨道，在这条轨道上运行的卫星每圈都要经过地球两极上空，可以俯视整个地球表面。一般气象卫星、地球资源卫星、侦察卫星常采用此轨道。

人造卫星在几百千米以上的高度飞行，不受领土、领空、地理和气候条件限制，视野广阔。它能飞越地球任何地区，特别是人迹罕至的原始森林、沙漠、深山、海洋和南北两极，并对地下矿藏、海洋资源和地层断裂带等进行观测。用途各异的人造卫星给人们的生活带来了许多便利，使我们越来越离不开它们。

通信卫星传播信息

　　自古以来，人们就对快速通信有迫切的愿望。20世纪无线电通信的实现，使人类的通信手段大为改观。无线电通信是靠电波传送信号的，其中超短波和微波具有传输信息容量大、信号稳定可靠等优点。但二者只能直线传播，人们只好每隔50千米为它们建造一个中继通信站，使它们像跑接力赛一样把电波传送到遥远的地方。设置许多中继站要耗费巨大的资金，特别是要在崇山峻岭和浩瀚的大洋上建立中继站，就更加困难了。

　　1944年，一个名叫克拉克的英国人发表了一篇题为《地球外的中继》的论文。他提出了一个十分大胆的设想，即人类有可能通过发射人造地球卫星，为地面通信

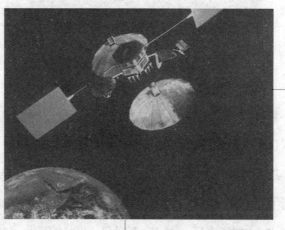

通信卫星

建立设在空间的"中继站"。这就相当于在天上挂起一个"驿站"，把信号发给天上的卫星，再由卫星接收后转发到地面的另一个地方。这就是卫星通信的最初原理。

　　"通信卫星"就是用于实现通信目的的一种人造地球卫星。通信

人类飞行器史话

卫星按轨道分为静止通信卫星和非静止通信卫星；按服务区域不同可分为国际通信卫星和区域通信卫星或国内通信卫星；按用途可分为专用通信卫星和多用途通信卫星，前者如电视广播卫星、军用通信卫星、海事通信卫星、跟踪和数据中继卫星等，后者如军民合用的通信卫星，兼有通信、气象和广播功能的多用途卫星等。

通信卫星运动图

通信卫星像一个国际信使，收集来自地面的各种"信件"，然后再"投递"到另一个地方的用户手里。由于它是"站"在 35786 千米的高空，所以它的"投递"覆盖面特别大，一颗卫星就可以负责 1/3 地球表面的通信。如果在地球静止轨道上均匀地放置三颗通信卫星，便可以实现除南北极之外的全球通信。当卫星接收到从一个地面站发来的微弱无线电信号后，会自动把它变成大功率信号，然后发到另一个地面站，或传送到另一颗通信卫星上后，再发到地球另一侧的地面站上，这样，我们就收到了从很远的地方发出的信号。

从 1958 年美国发射"斯科尔"通信卫星开始，接着发射了"信使""电星""中继站""辛康号"等实验卫星。经过这一实验阶段，

1965 年 4 月 6 日，美国成功发射了世界上第一颗商用卫星"晨鸟号"。它是通信卫星从试验阶段转为实用阶段的标志，开创了民用国际卫星通信的先河。

1976 年，加拿大最先利用卫星来转播电视，它利用美国通信卫星建立了全世界首家电视转播网。1984 年，日本又首先发射了专用于卫星电视转播的广播卫星"BS—2a"。卫星转播使世界各地人瞬息之间足不出户地了解天下事成为现实，如通过电视屏幕同观一场竞技比赛，或同时出席一个国际会议等等。

我国的通信卫星发展起步较晚，第一颗静止轨道通信卫星是

中国 "东方红 2 号" 通信卫星

1984 年 4 月 8 日发射的，命名为"东方红 2 号"，之后又成功发射了多颗地球同步实用通信卫星。这些卫星先后承担了广播、电视信号传输，远程通讯等工作，为国民经济建设发挥了巨大作用。

随着航天技术和电子信息技术的发展，通信卫星已开始逐步应用于电视教育、电视电话、医疗会诊、环境监测、情报检索等各领域。事实表明，通信卫星开始了全球卫星通信的新时代，是信息化社会到来的明显标志之一。

人
类
飞
行
器
史
话

气象卫星测云卜雨

　　明天天气怎么样？这是人们经常要问的一个问题。可是用地面气象台、气球、飞机，乃至火箭等去观察天气却有很大局限性，而且地球上有80%的地区无法用上述工具去观测，于是气象卫星便大显身手。气象卫星是对地球及其大气层进行气象观测的人造地球卫星，具有范围大、及时迅速、连续完整的特点，并能把云图等气象信息发给地面用户。

美国"泰罗斯1号"气象卫星

　　根据运行轨道的不同，气象卫星分为极轨气象卫星和静止气象卫星两种。一颗围绕地球两极运行的极轨气象卫星每天对全球进行两次气象观测，可获取全球气象资料。一颗运行在地球赤道上空的静止气象卫星则能对全球近1/3的地区连续进行气象观测，在30分钟或更短时间内获取一幅全景圆盘图，实时将资料送回地面。

　　1960年4月1日，美国发射了世界上第一颗试验性气象卫星"泰罗斯1号"。这颗试验气象卫星呈18面柱体，高48厘米，直

径 107 厘米。卫星上装有电视摄像机、遥控磁带记录器及照片资料传输装置。它在 700 千米高的近圆轨道上绕地球运转 1135 圈，共拍摄云图和地势照片 22952 张，有用率达 60%，具有当时最优秀的技术性能。

美国从 1960 年至 1965 年间，共发射了 10 颗"泰罗斯"气象卫星，其中最后两颗为太阳同步轨道卫星。1966 年 2 月 3 日，美国研制并发射了第一颗实用气象卫星"艾萨 1 号"，它是美国第二代太阳同步轨道气象卫星，轨道高度约 1400 千米，云图的星下点分辨率为 4000

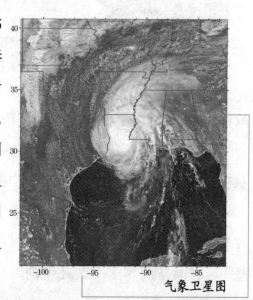

气象卫星图

米。从 1966 年至 1969 年间，又发射了 9 颗，获得了大量气象资料。它们的发射成功开辟了世界气象卫星研制的新领域，大大减少了由于气象原因造成的各种损失。

苏联的气象卫星命名为"流星号"，分 Ⅰ、Ⅱ 号两个系列。"流星 Ⅱ 号"卫星为太阳同步轨道卫星，每天两次探测全球有关云层分布、雪和冰层覆盖、地面温度、云顶高度等数据，并将数据传给本国及其他国家的 60 多个自动图像接收站，业务十分繁忙。

中国"风云2号"气象卫星

我国 1988 年 9 月 7 日发射了第一颗气象卫星"风云 2 号"太阳同步轨道气象卫星。卫星云图的清晰度可与美国"诺阿"卫星云图媲美，但由于星上元器件发生故障，它只工作了 39 天。后成功发射了四颗极轨气象卫星（"风云号"）和三颗静止气象卫星（"风云 2 号"），经历了从极轨卫星到静止卫星，从试验卫星到业务卫星的发展过程。

我国的极轨气象卫星和静止气象卫星已经进入业务化，在轨运行的卫星分别是"风云 1 号 D 星"和"风云 2 号 C 星"。我国是世界上少数几个同时拥有极轨和静止气象卫星的国家之一，是世界气象组织对地观测卫星业务监测网的重要成员。

以前，人们只能从下往上拍摄云图，由于上层云被下层云遮住，所以往往拍摄不到上层云。有了气象卫星，就可以从上往下拍摄云图。气象卫星主要凭借电视摄像机和气象遥感器来实现对地观测。卫星上的电视摄像机开启快门后，会把图像信息转化成电信号存储下来，并发回到地面接收站上。

气象遥感器能够接收和测量地球及其大气的可见光、红外和微波辐射，并将它们转换成电信号传送到地面。地面站

接收后，经过计算机处理就可以得到云的形状、云顶高度、大气温度和湿度、海面温度和冰雹覆盖面积等，进一步处理后就可以发现天气变化的趋势。把气象卫星获得的气象资料跟其他探测方法获得的气象资料一起进行综合分析后，就可以准确地预报天气了。

气象卫星除了对天气预报和气候预测有重要作用外，在自然灾害和地球环境监测以及海洋、航空、航海和农业、渔业等方面都有着广泛应用价值，是应用卫星中重要的多用途卫星，具有显著的社会和经济效益。

人类飞行器史话

资源卫星探矿寻宝

资源卫星是勘测和研究地球自然资源的卫星。根据观测重点的不同，地球资源卫星分为陆地资源卫星和海洋资源卫星。

资源卫星利用星上装载的多光谱遥感设备，获取地面物体辐射或反射的多种波段电磁波信息，然后把这些信息发送给地面站。由于每种物体在不同光谱频段下的反射不一样，地面站接收到卫星信号后，便根据所掌握的各类物质的波谱特性，对这些信息进行处理、判读，

美国"陆地卫星1号"资源卫星

从而得到各类资源的特征、分布和状态等详细资料，人们就可以免去四处奔波、实地勘测的辛苦。

世界上第一颗陆地资源卫星是美国1972年7月23日发射的，名为"陆地卫星1号"。它采用近圆形太阳同步轨道，距地球920千米高，每天绕地球14圈。星上的摄像设备不断

地拍下地球表面的情况，每幅图像可覆盖地面近两万平方千米，是航空摄影的 140 倍。

世界上第一颗海洋资源卫星也是美国发射的，时间为 1978 年 6 月，名为"海洋卫星 1 号"。它装备有各种遥测设备，可在各种天气里观察海水特征、测绘航线、寻找鱼群、测量海浪海风等。

资源卫星可称得上是勘探地球的行家。例如世界上最长的河流亚马逊河，长期以来该流域的资源状况一直是个谜。然而在 20 世纪 80 年代中期以

中巴地球资源卫星

后，人们在资源卫星的帮助下，没费多大力，就对这一河流的地形地貌、土壤植被、森林、矿藏等资源了如指掌。勘测发现，亚马逊河还有一条几千千米长的大支流。不得不说，这样惊人的发现，离不开资源卫星的功劳。

资源卫星还有许多用途，比如有考察农业作物种类、生长状况、收成情况、地质结构、地质断层、岩石类型、土壤特性、地面含水线、地表水源分布、工业污染程度等方面的用途；有观测海水特征、海水漂移、水陆界面、海水波浪、海面温度、海水分布和海面风、海流、海冰岛屿等方面的用

人类飞行器史话

途；有寻找鱼群、绘制航路和海底地形图、测量热带降雨量等方面的用途，为研究全球能量循环提供资料。

在矿物调查方面，资源卫星能够通过岩石的光谱特征和地形的类型来识别矿物种类和贮量、对地下能源进行查明和估计贮量、勘察海洋石油资源等。

在环境监测方面，它能够调查内陆水资源、监视海岸侵蚀，能够进行地震和火山探测、地理绘图和地质学研究、大气流以及海湾污染调查、臭氧层监视等。

"资源1号"ccd相机合成假彩色图像

在农业观测方面，它能进行作物产量估计、土壤含水量估计、早期病虫害预报、森林火灾预警、野生动物调查、渔讯探测等。

在交通建设与建筑方面，它能进行公路铁路选址、地质调查等。例如1987年，我国在修建大同—秦皇岛的铁路时，遇到了拦路虎桑乾河。原以为这条河为不可通的地段，铁路须绕行40千米。而每千米的铁路建设费高达900万元人民币，还要占用数千亩良田。科学家们研究了资源卫星提供的图片，证明桑乾河的地质条件可以让铁路搭桥通过，这样便减少了国家4

亿元的投资。可以说，资源卫星的应用范围非常广泛，已远远超出了"资源"这一范围。

目前，资源卫星已形成了仅次于通信卫星的第二大航天产业。美国的陆地卫星系列、法国的斯波特系列、印度的遥感卫星系列、加拿大的雷达卫星系列、中国的资源卫星系列等都是当今有名的地球资源卫星。地球资源卫星已越来越成为一种多用途的遥感卫星，对国民经济发展具有十分重要的意义。

人类飞行器史话

导航卫星方向指南

　　导航卫星是为地面、海上、空中和空间用户提供导航定位参数的专用卫星。导航卫星属于卫星导航系统的空间部分，它装有专用的无线电导航设备。用户接收卫星发来的无线电导航信号，通过时间测距或多普勒测速分别获得用户相对于卫星的距离或距离变化率等导航参数，并根据卫星发送的时间、轨道参数求出在定位瞬间卫星的实时位置坐标，从而定出用户的地理位置坐标和速度矢量分量。

GPS 系统

　　人们研制导航卫星，最初仅仅出于军事目的。20 世纪 50 年代末，美国海军为了解决北极星潜艇执行长期任务的导航问题，提出了研制"子午仪"导航卫星的计划，并于 1958 年 12 月与约翰·霍布斯金大学应用物理实验室签订了研制"子午仪"卫星的协议。1960 年 4 月 13 日，"子午仪 1B"卫星成功地发射。1963 年 12 月，第一颗实用型"子午仪"卫星

"5B—2号"发射成功。1964年6月,第一颗定型的"子午仪"卫星"5C—1号"发射,并交付海军使用。

为提供全球导航能力,"子午仪"卫星采取组网形式,由6颗卫星组成,分布在6个等间距极轨道平面内。到1967年,组网工作完成,这个导航卫星网被命名为"海军导航卫星系统"(即NNSSS)。利用"子午仪"卫星,用户每隔90分钟就可利用卫星定位一次。通过用户接收机上的计算机进行计算,每次定位需要8~10分钟。单频接收机定位精度约80~100米;双频接收机导航定位精度可提高到15~25米。

美国"子午仪"卫星

1967年,美国政府宣布解密,许多国家的商船都使用这种卫星来进行导航。但是,"子午仪"导航卫星只能提供经度和纬度,不能定出高度,虽能连续导航,但平均定位间隔时间达1.5小时,达不到飞机和导弹的三维空间的定位要求。为此,从1973年起,美国开始研制新一代的导航卫星全球定位系统(GPS)。

"GPS"就是全球卫星导航与定位系统的缩写。该系统研制的目的是为美国陆海空三军提供统一的全球性精确、连续、

人
类
飞
行
器
史
话

实时的三维位置和速度的导航定位服务。

　　GPS 系统是由分布在 6 个轨道面上的 24 颗卫星组成的星座。GPS 卫星的轨道高度为 20000 千米，星上装有高精确度的原子钟。地面上有一个主控站和多个监控站，定期地对星座的卫星进行精确的位置和时间测定，并向卫星发出星历信息。用户使用 GPS 接收机同时接收 4 颗以上卫星的信号，即可确定自身所在的经纬度、高度及精确时间。

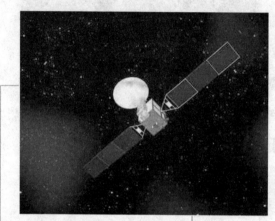

中国 "北斗 1 号" 卫星

GPS 系统的军用定位精度小于 10 米，民用定位精度小于 100 米。美国在海湾战争、科索沃战争和阿富汗战争中广泛使用了 GPS 系统。

　　俄罗斯也有类似的系统，名叫 GLONASS 系统。但由于俄经济困难，且卫星寿命短，星座不能保持足够数目，影响了其正常功能。

　　目前我国所有的 "北斗 1 号" 卫星导航定位系统，是区域性有源三维卫星定位与通信系统，英文缩写 CNSS。它是继美国的 GPS、俄罗斯的 CLONASS 之后的第三个成熟的卫星导航系统。

　　导航卫星用途十分广泛：在军事领域，除了常规的导航、

定位功能以外，GPS系统可以用于导弹的精确制导，可以用于作战单位或士兵的找寻，可以用于武装力量的探测；在民用领域，它的用途更加广泛，包括航天器定位、全球授时、地形测绘、地质勘探、资源调查、城市规划、国界测定、海岛与礁石联测、山体测高、板块和地壳运动测量、交通管制、工程建设等。

GPS系统广泛应用于国民经济和社会生活的众多领域，并产生了深远影响，使过去人们认为不可能的幻想变成了现实。

人
类
飞
行
器
史
话

侦察卫星太空千里眼

　　1990 年 8 月 2 日，伊拉克突然袭击并占领了科威特的国土，由此拉开了一场持续半年之久的海湾战争。40 多万美国及盟国军队云集海湾，伊拉克的重要机场、武器库、战略设施受到了美国导弹和飞机的狂轰滥炸，损失惨重。美国何以能准确地掌握伊拉克的军事机密呢？其中侦察卫星功不可没。

电子侦察卫星

　　侦察卫星就是窃取军事情报的卫星，它站得高看得远，既能监视又能窃听，是个名副其实的超级间谍。卫星利用光电遥感器或无线电接收机等侦察设备，从空间轨道上对目标实施侦察、监视或跟踪，以搜集地面、海洋或空中目标的情报。侦察设备搜集到的目标辐射、反射或发射出的电磁波信息，用胶卷、磁带等记录贮存于返回舱内，在地面回收；或通过无线电实时或延时传输到地面接收站，再经光学设备和电子计算机等进行处理，从中提取有价值的情报。

　　利用卫星进行侦察有许多好处：由于目前的领空还没有划到

空间高度，因此不存在侵犯领空的国际纠纷，大大优于其他侦察手段；人造卫星位于几百千米高的轨道上，视野广阔，一张卫星照片可覆盖几千甚至几万平方千米的区域，而普通航空照片只有十几平方千米；卫星上装有各种高性能的遥感器，当飞越敌方上空时，可以用各种手段对敌方的军事设施进行侦察，例如，利用摄影的方法可以摄取对方的重要军事目标，不但能看见地表面目标，而且还可以识别伪装，即使隐藏的目标照样可以看见。

　　第一颗侦察卫星是1959 年 2 月美国发射的"发现者号"卫星。此后，侦察卫星发展迅速，目前已成为有能力发射这类卫星的国家获取情报的有效工具。侦察卫星成为现代作战指挥系统和战略武器系统的重要组成部分。

由美国宇航局的"火星侦察卫星"探测器发来的照片提供了火星上存在水的新证据。

　　侦察卫星根据执行任务和侦察设备的不同，分为照相侦察卫星、海洋监视卫星、电子侦察卫星和导弹预警卫星。

照相侦察卫星

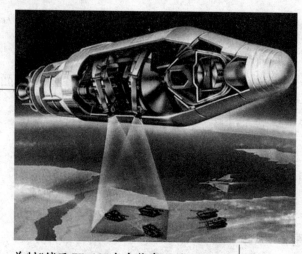

美制"锁眼 KH-12"太空侦察卫星

照相侦察卫星上装有可见光照相机和电视摄像机，对目标实行拍照。为了发现和识别目标，对相机镜头和图像分辨率要求很高。这种卫星一般运行在近地点高度 150～280 千米的近地轨道上，如果装备上红外相机和多光谱相机，还具有夜间侦察和识别伪装的能力。

照相侦察卫星在发展初期，由于寿命短，所以发射数量多，平均每年达 30 多颗。美国的照相侦察卫星编号为"锁眼"，最先进的当属"锁眼" KH—12 号，它的重量高达 12 吨，其中主要侦察设备是一台大口径照相机。在照相侦察卫星发展过程中，卫星的侦察能力、地面分辨率、在轨寿命不断提高。据称，美国先进的照相侦察卫星的地面分辨率可达 12 厘米。

苏联的照相侦察卫星大约比美国晚一代，卫星分辨率、寿命等指标均比美国同一代卫星差。

海洋监视卫星

海洋监视卫星装有雷达、无线电接收机、红外探测器等侦察设备，监视海上舰船和潜艇的活动。为了对广阔的海洋连续进行监视，卫星轨道一般比较高，为 1000 千米左右的近圆轨道，并需要由多颗卫星组成海洋监视网。苏联和美国都先后发射了这种卫星。

美国的"海洋 1 号"卫星能利用其侧视雷达全天候地监视海上小型船只，它还能探测出高度不过 10 厘米的海浪。

电子侦察卫星

电子侦察卫星用来侦辨雷达或者其他无线电设备的位置和特性，窃听遥测和通信等机密信息。这种卫星一般运行在高约500 或 1000 多千米的近圆形轨道上。电子侦察卫星

太空谍眼：电子侦察卫星

是窃听能手，当它经过别国上空时，星上磁带迅速录下雷达信号、电台信号等，等飞经本国上空时又把这些信号输送到地面

站，经地面分析、研究，就能掌握别国地面雷达的位置、特性，破译电台的信号。

美国在早期的"发现者"系列卫星上曾进行过电子侦察的试验，1962 年 5 月发射的"搜索者号"是世界上最早的实用侦察卫星。

美国现已发展了四代电子侦察卫星，目前使用的第四代卫星主要有"水星""军号""顾问"和"命运三女神"。美国现还在使用一种第三代电子侦察卫星，名叫"猎户座"，用于 24 小时不间断侦察收集亚洲国家的通信信号，以获取政治、军事等信息。其数据比照相侦察的图片潜在价值更高。

俄罗斯电子侦察卫星

在现代战争中，电子侦察卫星的作用是其他武器装备所不可比拟的。比如像在海湾战争中，美国在空袭伊拉克前几个月就开始通过电子侦察卫星搜集掌握了大量的伊军电子情报。利用这些情报在空袭前几十分钟开始对伊展开电子战，使伊大部分雷达受到强烈干扰而无法正

常工作，无线电通信全部瘫痪，连巴格达电台的广播也因干扰而无法听清。据报道，萨达姆与前线作战指挥官的通话，甚至战场分队之间的通话，均被美国的电子侦察卫星所窃听。可以说，电子侦察卫星已成为获得情报所不可缺少的手段。

导弹预警卫星

当洲际弹道导弹发射后，对距离 8000～12000 千米的目标只要 30 分钟就能命中。这就要求有一种武器能够在导弹到达目标前就能够侦察到攻击导弹并发出战略预警，及早地使人们进入防空洞或者发射反弹道导弹在大气层外拦截撞毁前来袭击的敌方导弹。这项任务现在主要是用"导弹预警卫星"来完成的。

预警卫星运行在地球静止轨道，并由几颗卫星组成一个预警网。星上装有红外探测仪，用来探测敌方导弹飞行时发动机尾焰的红外辐射，配合电视摄像机及时准确地判断导弹飞行方向，迅速报警，使防空部队及时拦击导弹，城市居民紧急疏散隐蔽。

1958 年，美国开始实施代号为"米达斯"计划的导弹预警卫星研制。1966 年又重新制订了著名的"647"预警卫星计划（也叫防御支援计划卫星）。美国从 1971 年实际使用"647"导弹预警卫星以来，已经探测到苏联、法国和中国的 1000 多次导弹试验。卫星上的探测器在导弹发射 90 秒钟之内，便能探测到在起飞的导弹，并在 3～4 分钟内把探测到的各类信息传输到美

国夏延山上的北美防空司令部。

美国导弹预警卫星

苏联的导弹预警卫星是在 1967 年发射的。它既能够"看"到美国中西部的戴维斯—蒙森、小石城的"大力神"导弹发射基地和马姆斯特罗姆、沃化的"民兵式导弹"发射基地，又能随时与苏联保持通信联系。用这种大椭圆轨道的预警卫星每天可以进行 14 小时的监视，因此，只要同时使用 2~3 颗就可以进行全天候的环球监视了。至 1982 年底，苏联共发射了 33 颗导弹预警卫星，在太空中与美国开始了新一轮的超级侦察之战。

第四章 探测外星球的机器
——空间探测器

　　星河灿烂，深空路遥。当第一颗人造卫星进入地球轨道飞行不久，人类就将向外星球进军提上了日程。现在，人类制造的空间探测器不仅为登月开辟了道路，而且已经遍访了太阳系的各大行星，同时正在向太阳系外更遥远的星球跋涉。

空间探测器与飞行轨道

　　人类为什么要进行深空探测呢？因为人们希望了解太阳系的起源、演变和现状；通过对太阳系内的各主要行星的比较研究，进一步认识地球环境的形成和演变；了解太阳系的变化历史；探索生命的起源和演变。空间探测器实现了对月球和行星的逼近观测和直接取样探测，开创了人类探索太阳系内天体的新阶段。

　　空间探测器，又称深空探测器，是对月球和月球以外的天体和空间进行探测的无人航天器。空间探测的主要方式有：在近地空间轨道上进行远距离空间探测；从月球或行星近旁

人
类
飞
行
器
史
话

飞过，进行近距离探测；成为月球或行星的人造卫星，进行长期的反复观测；在月球或行星及其卫星表面硬着陆，利用着陆之前的短暂时间进行探测；在月球或行星及其卫星表面软着陆，进行实地考察，也可将获取的样品送回地球进行研究；在深空飞行，进行长期考察。

美国发射的空间引力探测器 GP－B

由于从地球飞往行星的路途遥远，火箭不能带更多的燃料，必须尽可能节约燃料，选择一条飞往行星的捷径。1925 年奥地利科学家霍曼首先提出飞向行星的最佳轨道只有一条，就是与地球轨道及目标星

轨道同时相切的双切式椭圆轨道。这条最佳轨道因此被称为霍曼轨道。它利用地球和行星的公转运动，使探测器仅在初始阶段得到必要的速度，然后大部分时间是惯性飞行，这就节省了燃料，只是飞行的时间较长。如果从地球起飞的初速度大约每秒11.5千米，那么沿着这条轨道飞往金星，单程需要约146天；如果从地球起飞的初速度为每秒11.6千米，则

单程飞往火星需要 259 天左右；飞往水星的初速度为每秒 14.2 千米时，单程大约需 1000 天；如果要飞往土星，需 2200 天；飞往天王星要 5800 天；飞往海王星要 13000 天。这只是以目前火箭技术达到的水平而言。将来如果研制出性能更好和推力更大的火箭，如采用原子火箭、光子火箭，则可中途加速，或接近直线飞行，就会缩短星际航行的时间。

目前，行星探测器大多是沿着最小能量航线飞往其他行星的，它的出发日期要隔几个月甚至几年才有一次，返航也是如此。另外，行星探测器的控制、导

"先驱者号"探测飞船艺术想像图

航、电源和通信等也十分复杂，尤其是派往太阳系边陲的空间探测器，由于飞行时间长，距离太远，所以必须使用空间核电源。

美国的"先驱者号"是世界上第一个行星和行星际探测器。1972 年向木星发射的"先驱者 10 号"是第一个到达木星、木星卫星、土星附近的探测器。之后，"先驱者 10 号"携带访问地外文明的镀金铝牌飞过冥王星，于 1983 年飞离太

人类飞行器史话

开普勒探测器

阳系，进入恒星际空间，成为第一个飞出太阳系的探测器。1973 年发射的"先驱者11 号"在飞过木星后，重点探测了土星，并拍摄了第一张土星照片，探测到 F、G 两个新土星环。最后"先驱者 11 号"也携带着地球的"名片"飞出了太阳系。

美国 1977 年 8 月和 9 月分别发射了行星和行星际探测器"旅行者 1 号"和"旅行者 2 号"，主要目的是详细观测木星、木星卫星、土星、土星卫星及土星环。

飞行中的"旅行者号"探测器

"旅行者 1 号"于 1979 年 3 月先期飞近木星，"旅行者 2 号"于 7 月到达，拍摄了木星大红斑照片，并发现木卫一有活火

山喷发、木卫二（欧罗巴）上面完全由一层冰覆盖。"旅行者号"探测器接着又飞近土星观察了土星环，1986 年飞抵天王星附近，1989 年飞抵海王星附近。截至 1998 年底，"旅行者 2 号"已飞离地球 86 亿千米，"旅行者 1 号"已飞离地球 110 亿千米，它们是迄今为止离地球最远的在用航天器。目前"旅行者号"仍在高速飞行，正在向太阳系边缘前进。它们都携带一张铜质镀金声像盘，用于与地外文明相联系。

　　现在，新的太空探测器正源源不断地研制出来，被派往太阳系中最神秘的角落。相信这些形形色色的太空机器必将在探索太空、开发宇宙的伟大事业中建立新的功绩。

人类对月球的探索

月球是离地球最近的天体，和地球相距有38.4万千米。天文学家早已用望远镜详细地观察了月球，对月球地形几乎是了如指掌。月球上有山脉和平原，有累累坑穴和纵横沟壑，但没有水和空气，昼夜之间温差悬殊，一片死寂和荒凉。尽管巨型望远镜能分辨出月球上50米左右的目标，但仍不如实地考察那样清楚。因此，人类派出使者最先探访的地外天体选择了月球。

苏联"月球轨道环行器3号"拍摄的开普勒环形山照片

1959年1月2日，苏联发射"月球1号"探测器，途中飞行顺利，1月4日从距月球表面7500千米的地方通过，遗憾的是未能命中月球，但这个探测器首次拍摄到月球背面的照片，引起了很大反响。这个探测器重361.3千克，上面装有当时最先进的通信、探测设备。它在9个月后成为第一颗人造行星飞往太空深处。从此，美国、苏联等国家竞相发射了许多月球探测器。

苏联的"月球号"探测器

从 1959 年 1 月到 1976 年 8 月，苏联共发射了 24 个月球探测器。它们的任务是以逼近飞行、绕月飞行、硬着陆、软着陆、取回样品等不同方式，通过拍照、自动测量、采样分析、月球车实地考察对月球和近月空间进行探测。

苏联"月球1号"探测器

1959 年 9 月 12 日，苏联发射"月球 2 号"。两天后，它飞抵月球，在月球表面澄海硬着陆，成为到达月球的第一位使者。遗憾的是，它载的科学仪器舱内的无线电通信装置在撞击月球后便停止了工作。但它毕竟首次实现了地球到另一个天体的飞行。

同年 10 月 4 日，苏联的"月球 3 号"探测器飞往月球。三天后环绕在月球背面，拍摄了第一张月球背面像，发回了第一批月球表面的照片，覆盖了月球背面 70% 的面积，让人们首次看到了月球的真实面貌。

"月球 4 ~ 14 号"在 1963 – 1968 年间发射。它们都预先进入

人造地球卫星轨道，然后再从这个轨道飞向月球。在飞行中对轨道进行了修正，再经过机动飞行和制动后，或在月面软着陆（4～8号着陆失败，9和13号成功），或成为人造月球卫星绕月飞行（10～12号和14号）。

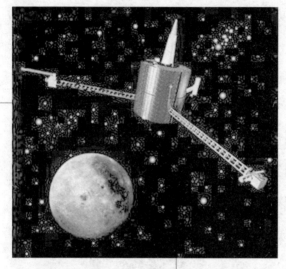

"月球"探测器

1966年1月31日成功发射的"月球9号"探测器重1583千克，在离月面约8000千米时，通过半自主控制系统的制导精确地沿月面法线指向飞行，并在到达月面上方约75千米处，根据来自着陆雷达的指令启动修正和制动发动机，然后着陆舱在接触月面前脱离制动发动机等系统单独软着陆在月面上。

月球15～24号于1969－1976年间发射，发展成为月球自动科学站。

1970年9月12日发射的"月球16号"重量约5800千克，高约4米，底部着陆架跨度约4米。它由着陆舱和回收舱组成，在航天史上第一次实现了不载人探测器自动挖取月球岩石样品并自动送回地球的目的。"月球16号"到达近月点时制动发动机

点火，6 分钟后在月球成功实现软着陆。着陆后不到 1 小时，"月球 16 号"上的自动钻开始工作，以钻取月壤样品，7 分钟后当钻取深度达 35 厘米时停止钻取工作并退出，将月壤样品密封并送入"月球 16 号"的返回舱，样品总重 101 克。完成此项工作后，"月球 16 号"于 9 月 21 日，点火并离开月球，3 天后返回舱返回地球。

1970 年 11 月 10 日，"月球 17 号"载着世界上第一辆自动月球车"月球车 1 号"上天。17 日在月面雨海着陆后，"月球车 1 号"下到月面进行了 10 个半月的科学考察。这辆月球车重 756 千克，长 2.2 米，宽 1.6 米，装有电视摄像机和

月球软着陆的探测器

核能源装置。它在月球上行程 10540 米，考察了 8 千平方米月面地域，拍摄了 200 幅月球全景照片和 20000 多张月面照片，直到 1971 年 10 月 4 日核能耗尽才停止工作。

1973 年 1 月 8 日发射的"月球 21 号"把"月球车 2 号"送上月面考察，取得了更多的成果。

最后一个探测器"月球 24 号"于 1976 年 8 月 9 日发射，8

月 18 日在月面危海软着陆，钻采并带回 170 克月岩样品。

苏联对月球的探测，使人们对月球的认识更加丰富和完整了。

美国的月球探测器

美国为了"阿波罗计划"的实现，发射了三种系列的月球探测器："徘徊者号""勘测者号"和"月球轨道环行器"。

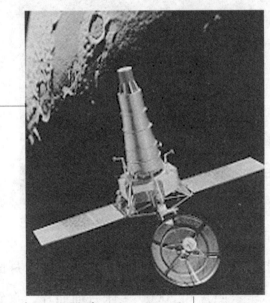

美国 "徘徊者 6 号" 探测器

1961 年 8 月～1965 年 3 月，美国先后向月球发射了 9 颗"徘徊者号"探测器，其主要目的是为了研究整个月球的外观，测量月球附近的辐射和星际等离子体等，检测月球轨道器，以便为"阿波罗"登月作准备。

"徘徊者号"探测器样子像个大蜻蜓，长 3 米，两翼太阳能电池板展开 4.75 米。最初 5 个"徘徊者"探测器均无建树，直到 1964 年 1 月 30 日发射的"徘徊者 6 号"才在月面静海地区着陆。但由于电视摄像机

出现故障，没有能够拍回照片。同年 7 月 28 日"徘徊者 7 号"发射成功，在月面云海着陆，拍摄到 4308 张月面特写照片。随后，1965 年 2 月 17 日发射的"徘徊者 8 号"和 3 月 24 日发射的"徘徊者 9 号"，都在月球上着陆成功，并分别拍回 7137 张和 5814 张月面近景照片。

"勘测者号"探测仪器装在前部，电视摄像机放在尾部。"勘测者"探测器有 3 只脚，总重达 1 吨，装有当时最先进的探测设备。1966 年 5 月 30 日发射的"勘

美国"勘测者 7 号"在第谷环形山附近拍摄的照片

测者 1 号"新型探测器，经过 64 小时的飞行，在月面风暴洋软着陆，向地面发回 11150 张月面照片。同年 9 月发射的"勘测者 2 号"没有成功。1967 年 4 月发射的"勘测者 3 号"同样着陆于风暴洋，它用 1.8 米长的机器手挖了很深的一个坑，测出了月海表面的硬度，确信月海表面不影响飞船着陆。同年 9 月，"勘测者 5 号"着陆静海，首次测得了月球表面岩石的成分。接着，"勘测者 6 号"于 11 月着陆在中央河口，并进行了返回升空 3 米的试验，再次确认了月球表面是相当坚硬的，并非

全部堆积着灰尘。1968 年 1 月，"勘测者 7 号"又传回了 21000 余张月球照片。至此，美国的"勘测者"计划胜利结束。

"月球轨道环行器 4 号"拍摄的月表照片

在同一时期，为了"阿波罗"登月，美国启动了"月球轨道环行器"计划，发射了 5 颗"月球轨道环行器"，它们的主要目的是在绕月轨道上拍摄月球表面的详细地形照片，为"阿波罗"飞船选择最安全的着陆点。它们对月面 99% 的区域进行了探测，拍摄了大量高分辨率的照片，选出了 10 个可供"阿波罗"飞船着陆的候选登月点。同时，它们还获得许多月球表面的放射性、矿物含量和月球引力场等有用数据。

中国的"嫦娥"月球探测器

2007 年 10 月 24 日，我国第一颗探月卫星"嫦娥 1 号"在西昌卫星发射中心成功升空。这是中国自主研制、发射的

第一个月球探测器。

"嫦娥 1 号"卫星选用"东方红 3 号"卫星平台，并进行了适应性改造。其外形与"东方红 3 号"卫星相似，卫星本体为一个 2.22 米 × 1.72 米 × 2.2 米的六面体，两侧各装有一个大型展开式太阳电池翼，当两侧太阳翼完全展开后，最大跨度可以达到 18 米。"嫦娥 1 号"卫星重 2.4 吨，有效载荷重 130 千克。

"嫦娥 1 号"由结构与机构，热控制，供配电，制导、导航与控制，推进，数据管理，测控数传，定向天线和有效载荷等 9 个分系统组成。这些分系统各司其

太空美术—月球着陆器与月球车在月球表面执行探测任务（我国月球探测二期工程）

职、协同工作，保证月球探测任务的顺利完成。

根据我国月球探测工程的四项科学任务，在"嫦娥 1 号"上搭载了 8 种科学探测仪器，即微波探测仪系统、γ 射线谱仪、X 射线谱仪、激光高度计、太阳高能粒子探测器、太阳风离子探测器、CCD 立体相机、干涉成像光谱仪。

卫星将直接执行月球表面三维影像探测、月表化学元素

与物质探测、月壤厚度探测和地月空间环境探测等 4 项科学任务。11 月 26 日，国家航天局正式公布"嫦娥 1 号"卫星传回的第一幅月面图像。

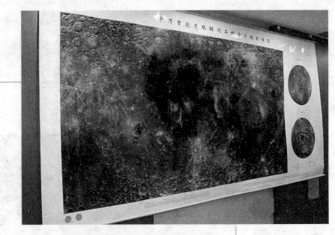

"嫦娥 1 号"拍摄的月球全图

对"嫦娥 1 号"备份星进行技术改进而成的"嫦娥 2 号"将作为中国探月工程二期先导星于 2011 年年底前完成发射。"嫦娥 2 号"CCD 相机的分辨率将由"嫦娥 1 号"的 120 米提高到 10 米，以深化月球科学探测，其他探测设备也有所改进，所探测到的有关月球的数据将更加翔实。"嫦娥 2 号"的主要任务是要获得更清晰更详细的月球表面影像数据和月球极区表面数据。

根据航天系统的安排，2012 年前后将发射"嫦娥 3 号"，2018 年将发射月球采样返回器。"嫦娥 3 号"包括一个月球着陆器和月球车，将实现月球软着陆和巡视探测任务。

　　"嫦娥 3 号"月球探测器在科学技术方面将实现四个第一：研制并发射中国第一个地外天体着陆探测器和巡视探测器；第一次利用"长征 3 号乙"运载火箭发射地月转移轨道航天器；第一次建立和使用深空测控网进行测控通信；第一次实现月球软着陆、月面巡视、月夜生存等一系列重大突破。

　　"嫦娥号"的成功发射，使我国成为世界第五个发射月球探测器的国家地区。

人
类
飞
行
器
史
话

走访神秘的金星

人类在登陆月球之后，各国科学家的下一个探索目标就是金星。之所以把金星作为下一个探测目标，一是因为金星是距离地球最近的行星，二是因为在人类眼中，金星表面完全被浓厚的大气和云层所覆盖，从地球上用望远镜观测看不到什么，这就增加了金星的神秘感。对于金星，瑞典化学家阿累尼乌斯曾猜测说，金星表面的所有物体可能都是湿乎乎的。由于高温，植物生长很快，所以生物的寿命都很短。当时他相信，金星和2.5亿年前的地球相似，高达10米左右的蕨类植物茂盛，森林中生活着类似蜥蜴那样的爬行动物。

随着科技的发展，人类已初步揭开了金星的面纱。下面就让我们来看看人类对金星的探访历程。

苏联"金星号"探测器

1961年2月12日，苏联发射了"金星1号"，这是第一个飞向金星的探测器。"金星1号"探测器重643千克，在距金星9.6万千米处飞过，进入太阳轨道后由于通信中断，没有探测结果。

1965年11月12日和15日发射的"金星2号"和"3号"探测器，都因通信系统发生故障而未把金星的观测数据传回来。

1967 年 6 月 12 日发射了重达 1060 千克的"金星 4 号"，经过大约 35000 万千米的远途飞行，进入金星大气层。然后着陆舱与探测器分离，降落在金星表面白昼黑夜交界线 1500 千米的地方。"金星 4 号"的

苏联"金星 1 号"探测器

着陆舱直径 1 米，重 383 千克，外表包着一层很厚的耐高温壳体。由于金星大气的压力和温度要比预想的高得多，所以着陆舱降落到金星表面时损坏了，未能发回金星上探测到的情况。

苏联"金星 15 号"探测器

首次向地面传回金星表面温度等数据的探测器，是 1970 年 8 月 17 日发射成功的"金星 7 号"，它在同年 12 月 15 日实现在金星软着陆，这时地球与金星之间的距离为 6060 万千米。它的着陆舱重约 500 千克，测得金星表面的温度为 447 摄氏度，气压为 90

个大气压，大气密度大约为地球的 100 倍。"金星 7 号"是第一个到达金星实地考察的使者。

此后，苏联又相继发射了 9 个"金星号"探测器。1975 年 6 月 8 日和 14 日发射的"金星 9 号"和"10 号"，在金星表面各拍摄了一张金星全景照片，首次向人们展露出它的容颜。1981 年 10 月 30 日和 11 月 4 日发射的"金星 13 号"和"14 号"，又拍得 4 张金星表面彩色照片。从这些照片上发现，金星表面覆盖着褐色的砂土，岩石结构像光滑层状板块。1983 年 6 月 2 日和 7 日升空的"金星 15 号"和"16 号"，均未携带着陆舱，而是历经 130 个昼夜，飞行 3 亿多千米，分别于同年 10 月 10 日和 14 日进入金星的卫星轨道运行，通过雷达对金星表面进行了连续综合考察，获得了许多宝贵资料，使人们对金星有了更丰富的了解。

美国从"水手号"到"麦哲伦号"探测器

冷战期间，美苏展开太空竞赛，各自发射探测器对金星进行探测。此时美国先后发射了 10 个"水手号"金星探测器。1962 年 7 月 22 日发射的第一个"水手 1 号"重 202 千克，带两块太阳能电池板，但因火箭偏离轨道，发射失败。一个月后的 8 月 27 日，"水手 2 号"发射成功，到 12 月 14 日从距金星 34800 千米处飞过，探测了金星的大气温度。它发现金星没有磁场或者辐射带，表面既干燥又焦热，表面温度可达 425 摄氏度，大气压力是

地球的 20 倍。"水手 2 号"揭开了人类探测金星的序幕。

1967 年 6 月 14 日起飞的"水手 5 号"，飞到离金星距离只有 4000 千米的地方。"水手 10 号"探测器于 1973

1967 年发射的金星探测器"水手 5 号"

1973 年美国发射的 "水手 10 号" 探测器

年 11 月 3 日发射。它重 503 千克，携带有紫外线分光仪、磁力计、粒子计数器、电视摄像机等仪器。1974 年 2 月 5 日，它飞经距金星 5760 千米的地方拍摄了几千张金星云层的照片。"水手 10 号"探测器是第一个同时探测金星和水星的双星探测器，它于金星附近结束探测任务后又借力飞往水星。

1978 年 5 月 20 日和 8 月 8 日，美国又先后发射两个"先锋"探测器，第一个进入金星轨道，最近距离只有 150 千米，不断向地面传回观测到的情况；第二个则有 4 个子探测器在金星上

第四章　探测外星球的机器

着陆，其中一个撞击金星后未损坏，继续在灼热的金星表面上工作了 68 分钟，取得了实地考察数据。

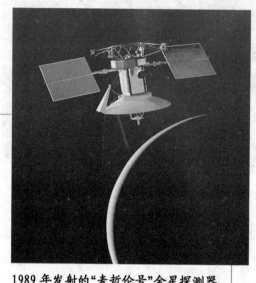

1989 年发射的"麦哲伦号"金星探测器

探测结果表明，金星表面犹如一个巨大的温室，几乎没有风，由于它周围有着厚厚的二氧化碳大气层，温度高达摄氏 470 度。金星与地球的物理参数相似，有充足的二氧化碳，但却无水，上面不可能存在生命。

直到 1989 年 5 月 5 日，美国的"亚特兰蒂斯号"航天飞机将一个以 16 世纪葡萄牙航海家麦哲伦命名的探测器带上太空，并在 5 月 6 日把它送上飞向金星的旅途。"麦哲伦号"探测器重 3365 千克，装有一套先进的电视摄像雷达系统，能透过厚实的云层测绘出金星上一个足球场大小的物体图像，其清晰度能胜过以前所获金星图像的 10 倍。

它经过 460 多天的太空飞行，于 1990 年 8 月 10 日进入金星轨道，并于 8 月 16 日首先用合成孔径雷达对金星表面进行试验性测绘，发回第一张金星照片，该照片显示出金星表面一个面积为 40 千米 ×80 千米大的熔岩平原。1990 年 9 月 15 日，"麦哲伦

号"探测器首次获得第一张完整的金星地图，从中发现金星上有巨大的熔岩流、数以千计的裂缝和火山口，还有高耸的山岭、巨大的峡谷、陨石坑、沙丘和活火山等。

金星探测器软着陆

整个拍摄和测量过程历时 4 年，取得了丰硕的科学成果。

　　1994 年 10 月 12 日，"麦哲伦号"探测器进入金星稠密大气层，以试验一种新颖的空气制动技术，并获取金星稠密大气的数据。探测器在进入金星大气后烧毁。这是第一次利用一个行星际探测器进行这种破坏性试验。"麦哲伦号"探测器的飞行进一步揭开了金星的面纱。

第四章　探测外星球的机器

人
类
飞
行
器
史
话

寻觅火星生命之谜

　　火星是太阳系八大行星之一，按离太阳由近及远的次序排列第四。在太阳系八大行星之中，火星也是除了金星以外，距离地球最近的行星。1878 年意大利天文学家通过望远镜观测火星，发现火星上有运河痕迹，推测火星上可能有生命存在，甚至会有高等的智慧生物。因此，人们把解开火星生命之谜作为宇宙探测的一个重要任务。

　　到目前为止，火星是除了地球以外人类了解最多的行星。火星探测器对火星进行了详细的考察，并向地球发回了大量数据。大约每隔 26 个月就会发生一次火星冲日，地球与火星的距离在冲日期间会达到极近值，通常只有不足 1亿千米，而在火星发生大冲时，这个距离甚至不足 6000 万千米。火星冲日意味着这时可以使用较小花费将探测器送往火星，所以人类的火星探测活动通常也会每隔 26 个月出现一次高潮。

"火星号" 探测器

　　苏联在火星探测计划中可谓路途坎坷：

　　1962 年 11 月 1 日发射的 "火星 1 号" 在距地球 1 亿多

千米的地方通信中断，
考察失败；1971年5月
19日发射了"火星2
号"探测器，11月27
日进入环绕火星的轨
道，着陆舱与探测器分
离后，在火星上着陆，
但却失去了联系。这是
第一个到达火星表面的
人造物体；同年5月28
日发射的"火星3号"

苏联"火星号"探测器发回的火星照片

探测器，虽然到达了火星，但未完成预定的探测计划；"火
星4号"未能进入火星轨道；"火星5号"虽然入轨，但工
作时间很短；"火星6号"着陆装置到达火星表面，仅工作
一秒钟就中断了通信；"火星7号"在火星着陆失败，飘入
苍茫天宇，不知去向。"火星号"探测器连连受挫，苏联不
得不暂时停止这项计划。

"福波斯"探测器

1988年7月7日和12日，苏联成功发射"福波斯1
号"和"福波斯2号"两个火星探测器，开始新一轮探测

火星及其卫星火卫一的活动。这种探测器重 4 吨，装有各种科学仪器，有无线电太阳能电池板、姿态推力装置、电视摄像机等。它们能在太空飞行 200 天后到达接近火星的轨道，在距火卫一几十米时，释放出一个永久性自动站，对火卫一进行 460 多天的科学考察，以便为将来载人登上火星探明道路。

火星软着陆的探测器

1988 年底，"福波斯 1 号"在宇宙空间失去联系，不知去向。"福波斯 2 号"于 1989 年 1 月 29 日飞临火星，进入绕火星飞行的轨道，开始对火卫一进行考察活动。但到 3 月 27 日，"福波斯 2 号"又出现故障而停止工作。这项探测火星的任务失败。

"水手号"探测器

美国对火星考察，开始于 1964 年 11 月 5 日发射的"水手 3 号"。这个探测器为一直径 1.27 米的八角形箱体，高 2.7 米，重 261 千克，上面装有天线和十块太阳能电池板，

展开后宽 6.8 米。但因火箭发生故障而未进入火星轨道，发射 9 小时后通信中断。

美国抢先于 1964 年 11 月 28 日成功发射了"水手 4 号"。它飞过火

1964年发射的"水手4号"探测器

星时，最近距离只有 1000 千米，发现火星上布满环形山，没有运河，也没有水，还第一次拍摄了火星表面的照片。

1969 年 2 月、3 月，美国又相继发射成功了"水手 6 号"和"水手 7 号"火星探测器。

"海盗号"探测器

1975 年 8 月 20 日和 9 月 9 日，美国发射了两个"海盗号"探测器，用于探索火星上有无生物。这两个探测器由轨道飞行器和登陆舱组成，长为 5.08 米，重 3530 千克，其中轨道飞行器重 2330 千克，登陆舱重 1200 千克，用三脚支撑，装有生物化学实验箱、测量挖掘设备、两台电视摄像机、机械手和电源。

"海盗 1 号"和"海盗 2 号"分别于 7 月 20 日和 9 月 3 日在火星表面软着陆成功，40 分钟后就将第一张火星彩照

"海盗1号"拍摄的火星表面景色

发回地球。它们分别在火星上工作了6年和3年，对火星进行了考察和拍照，共发回5万多幅火星照片，分辨率高达200米。四次探测有无生命存在的实验中，没有发现任何高级生命痕迹，从而排除了有关火星人的推测。

"火星观察者号"探测器

1992年9月25日，美国用"大力神3型"火箭成功发射了一个"火星观察者号"探测器。它重2.5吨，携带7部仪器，经11个月飞行7.2亿千米后，到达

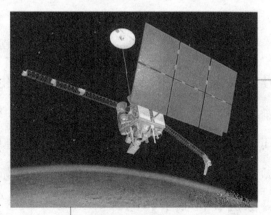

美国"火星观察者号"探测器

距火星表面378千米的近极轨道，准备对火星进行长达687天的观测考察，绘制整个火星表面图，预告火星天候，测量火星各种数据，进一步揭示火星上有无处于原始阶段的生命现象，为未来人类移居火星探寻道路。但是1993年8月21日，火星观察者号探测器突然与地面失去联系，不再发回信息。这次探测令人失望地夭折了。

1996年11月发射"火星环球观测者"。它次年9月飞抵火星，进入绕火星轨道飞行，其电池2006年出现故障。

1996年12月发射"火星探路者号"。1997年7月，它携带的着陆器以及"旅居者号"火星车在火星着陆，最后一次向地面传送信号是在1997年9月。

1998年12月发射"火星气候探测者"。它次年9月飞抵火星后与地球失去联系。

1999年1月发射"火星极地着陆者"。它当年12月在火星南极降落过程中，着陆器以及携带的两个小型探测器与地球失去联系。

2001年4月发射"奥德赛"探测器。它当年10月抵达绕火星轨道，并一直工作至今。

2003年"勇气号"和"机遇号"火星车分别于6月和7月发射升空。它们都成功着陆火星，目前都在超期服役。

火星上的水资源

2005年8月"火星勘测轨道飞行器"升空。它次年3月进入绕火星轨道，目前仍在火星轨道上探测。

2007年8月4日"凤凰号"升空。它于2008年5月25日成功降落在火星北极附近区域。

根据40多年来人类对火星的探测，科学家已基本肯定火星是一个没有高级生命的世界，流传甚广的"火星人"是根本不存在的。但是火星上有没有与地球不同的其他形式的生命，或者是否曾经存在过有智慧的高级生物，则还是一个深奥的难解之题。解开这个难题还需要人类不懈的努力。

细察土星奇观胜景

太阳系中共有 8 颗大行星，距太阳由近及远，土星属于第 6 颗。土星周围有 17 颗天然卫星绕其飞行，其"腰部"缠绕着一圈绚丽多彩的光环——土星环。此外，土星上还保留着大量太阳系形成时的原始物质。这一切，给土星蒙上了一层神秘的面纱。探测土星，研究土星及其卫星，不仅有助于人类了解太阳系形成、发展的历史，对于研究地球自身大气的进化也有重要的意义。

"先驱者 11 号"探测器

"先驱者 11 号"于 1973 年 4 月 6 日启程，它以探测土星为主要责任。1979 年 9 月 1 日，"先驱者 11 号"从距土星 3400 千米的地方掠过，第一次拍摄到了土星的照片。它探测了土星的轨道和总质量，测量了土星大气成分、温度、磁场，发现了两个新光环。探测了土星之后，"先驱者 11 号"便从天王星近旁掠过，与"先驱者 10 号"同于 1989 年飞离太阳系。

人
类
飞
行
器
史
话

"旅行者1号"和"旅行者2号"探测器

1977年8月20日和9月5日，美国先后发射了"旅行者2号"和"旅行者1号"探测器，这两个姊妹探测器沿着两条不同的轨道飞行，担负探测太阳系外围行星的任务。它们于1980年11月13日和1981年8月26日分别飞近土星考察。它们的土星探测之行，初步揭示了土星家庭的面貌。

飞越各大行星的美国"旅行者"

"旅行者1号"掠过土星时，发现成千上万的光环群，形成一组交错在一起的环形彩带。"旅行者1号"还着重探测了原来认为是太阳系最大的一颗卫星——土卫六，但从拍回的照片上发现土卫六的直径只有4828千米，而不是过去认为的5760千米，因此判定它小于木卫三，从而退居为太阳系的第二大卫星。此外，还发现了土星的几颗新卫星。

"旅行者2号"则对新发现的土星环和几个卫星做了近距离探测，向地球发送回1万多张照片。

由于上述探测器都没有携带着陆舱，只是在飞越土星时远距

离地进行探测，所以图像清晰度差，数据不全面。它们都如土星的"观光者"，来去匆匆。土星的真面目，仍然是人类的一个谜团。

"卡西尼号"探测器

为解开土星之谜，1997年10月15日从肯尼迪发射中心发射了大型的土星探测器——"卡西尼"探测器。这是20世纪最后一艘行星际探测的大飞船。此次探测计划耗资巨大，从1990年开始研制，至2008年使用期满，总开支高达32亿美元。

"卡西尼"探测计划是一个由美国国家航空航天局、欧洲航天局和意大利航天局三方合作的对土星进行空间探测的科研项目。"卡西尼"土星探测器由美国国家

美国"卡西尼"木星探测器

航空航天局负责建造，以意大利出生的法国天文学家卡西尼的名字命名，其任务是环绕土星飞行，对土星及其大气、光环、卫星和磁场进行深入考察；"惠更斯"探测器以荷兰物理学家、天文学家和数学家惠更斯的名字命名，其任务是深入土卫六的大气

— 145 —

层，对土星最大的卫星土卫六进行实地考察。

土星探测器"卡西尼"的外形非常庞大，由轨道器和子探测器（"惠更斯"）组成。其中，轨道器上载有12台科学探测仪器，"惠更斯"携带6台科学仪器。"卡西尼"的总重超过5700千克，是往昔的"旅行者"探测器的数倍。如此庞然大物，即使当前全球推力最大的商用火箭"大力神-4B"，也无法使其加速至可以直飞土星的速度。"卡西尼"要到达土星，中间需要多次借力飞行，即借助星际（如金星、木星等）引力来完成这次太空长征。

"惠更斯号"探测器从土星上拍回的照片

1997年10月15日，搭载着"惠更斯"的"卡西尼"探测器离开地球，开始了漫长的土星探测之旅。2004年7月1日，在太空旅行了7年后，"卡西尼"探测器进入土星轨道，正式开始为期4年的土星探测使命。"卡西尼"传回的第一批照片是在进入土星的过程中从土星环黑暗的一侧拍摄的，随后传回的照片是从被阳光照耀的另一侧拍摄的，照片更加清晰，显示了土星环结构和边缘的更多细节。

2004 年 12 月 25 日凌晨，"惠更斯"探测器脱离位于环土星轨道的美国"卡西尼"飞船，飞向土星最大的一颗卫星土卫六。土卫六上有富含有机物的海洋，与地球的原始状态特别相似。土卫六的探测和研究，对于人类揭示地球生命的诞生之谜起到极大的推动作用。2005 年 1 月 14 日，探测器抵达土卫六上空 1270 千米的目标位置，同时开启自身的降落程序，穿越土卫六的大气层，成功登陆土卫六。

"惠更斯号"重 319 千克，外形像一个贝壳，前部有一个防热盾，配备有 3 个降落伞，以用于降落过程。"惠更斯号"上还安装了 6 台测量压力、温度、风速、大气成分的仪器，为科学家们分析土卫六提供了更加充足的数据。

拜访硕大的木星

木星

木星是太阳系行星之冠，直径达 14.28 万千米，体积是地球的 1316 倍，质量是地球的 318 倍。从地球上看木星，总放射着金色的光芒，表面有许多连绵不断而明亮的条纹，以及奇妙的大红斑点。科学家们认为，了解木星有助于揭开行星系统的起源之谜，找到太阳系形成和演化的模型。

迄今为止，已有四艘美国的深空探测飞船掠过木星和一艘探测器专程拜访过木星家庭，预计在 2011 年 8 月将有一个新的探测器"朱诺"飞到木星领地，对木星展开深入的探测。

"先驱者号"探测器

第一对拜访木星的是美国"先驱者 10 号"和"先驱者 11 号"两个探测器，它们是人类最先派到木星附近考察的探险者，

也是采用在行星际漫游方式进行探测的好手，先后探测了木星、木星的卫星、土星和土星的卫星等。这种探测器重约 260 千克，为六棱柱体，高 2.4 米，最大直径 2.7 米。它们携带 10 多种仪器，能执行多项观测任务。

"先驱者 10 号"于 1972 年 3 月 2 日先踏上征途，经过 1 年零 9 个月的长途跋涉后，穿过危险的小行星带，闯过木星周围的强辐射区，于 1973 年 12 月 3 日与木星相会。它飞临木星时，沿木星赤道平面从木星右侧绕过，在距木星 13 万千米的地方穿过木星云层，拍摄了第一张木星照片，并进行了 10 多项实验和测量，向地球发回第一批木星资料，为揭开木星奥秘立下了头功。

科学家们原计划"先驱者 10 号"探测任务为 21 个月，但它"探测生命"之长远远超出了预期。直到 2003 年 2 月 26 日，美国国家航空航天局发言人才宣布，已经无法再收到"先驱者 10 号"太空探测器发回的信号，并将放弃所有的努力。这标志着这个 31 年前发射升空飞离太阳系的飞船最终告别了人类。

1973 年 4 月 6 日，"先驱者 11 号"从地球启程，经过 1 年零 8 个月的漫长路程，1974 年 12 月 5 日到达木星附近，从木星左侧 4.2 千米的地方飞过木星北极上空。它掠过木星云层时，拍摄了 300 多张木星彩色照片，同时进行了各项科学考察。"先驱者 11 号"在探测了木星、土星和海王星后，于 1989 年飞出了太阳系。

第四章　探测外星球的机器

人
类
飞
行
器
史
话

"旅行者号"探测器

这是"旅行者1号"于1979年拍摄的木星照片。图中可以隐约见到木星风暴"大红斑"

1977年8月20日和9月5日，美国先后发射了"旅行者2号"和"1号"探测器，它们是木星的另一对拜访者。"旅行者号"的主体是一个扁平的十面棱柱体，顶端装有向地球发射信息的直径为3.7米的大型抛物面天线，左右两侧各伸出一根悬臂，长的一根是磁强计支柱，短的一根是科学仪器支架。"旅行者号"重800千克，携带有105千克的探测仪器，共计有10种，主要是行星及其卫星的摄像设备和各种空间环境探测设备。由于携带有更先进的观测仪器，它们首次观测到了木星背阳面的极光及木星的大红斑。

这两个探测器沿着两条不同的轨道飞行，在100天后，"旅行者1号"超过"旅行者2号"，并先期到达木星考察。1979年3月5日，"旅行者1号"到达距木星27.5万千米处，拍摄了木星及其卫星的几千张照片并传回地球。通过这些照片可以发现木

星周围也有一个光环，还探测到木星的卫星上有火山爆发活动。

"旅行者 2 号"于 1979 年 7 月 9 日到达木星附近，从木星及其卫星中间穿过，在距木星 72 万千米处拍摄了几千张照片。

现在，"旅行者号"探测器都已飞出太阳系，飞向茫茫宇宙深处。

"伽利略号"探测器

1989 年 10 月 18 日，美国"亚特兰蒂斯号"航天飞机把一个"伽利略号"木星探测器载上太空，这是美国国家航空航天局第一个专用于探测木星的航天器。

这个专门探访木星的探测器重 2550 千克，装有两台用钚—238 作燃料的发动机和最先进的科学观测仪器。它的主要考察目标是木星及其 16 颗卫星，并施放一个探测装置直接进入木星

组装中的"伽利略号"

大气层考察。1990 年 2 月 9 日，"伽利略号"飞过金星时作了顺路探访。

值得一提的是，1994 年 7 月 22 日，"伽利略号"到达距木

人
类
飞
行
器
史
话

星 1 亿多千米的地方，观测到了"苏梅克—列维 9 号"彗星的碎片与木星相撞的壮观景象，并发回了第一张相撞的图像。它还捕捉到最后一块彗星碎片撞击木星的情景，这在当时轰动了全球。

它在 1995 年 12 月 7 日抵达木星轨道后，绕木星飞行，并飞临木星几颗卫星进行了近距离探测。它对木星的观测距离比"旅行者号"近 20 倍，发回照片的清晰度比"旅行者号"高 50 倍以上，探测结果与科学家以前的推测有许多不同。这次探测使人类首次完整地观测到木星、木星卫星及其磁场，是 20 世纪最重要的行星探测活动之一。

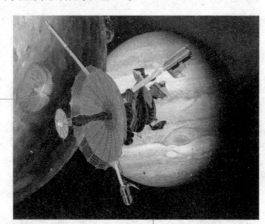

"伽利略号"飞越木卫一

"伽利略号"在完成对木星及其卫星为期两年的第一阶段考察后，又开始"超期服役"，着重对木星最大的卫星木卫三进行近距离考察，计算其上有多少个陨石坑以便确定其"年龄"，探测正在喷发的活火山以及寻找存在液态海洋的其他证据。

但是在 2002 年 1 月 17 日，美国科学家宣布，"伽利略号"当日在接近火山密布的木卫一作最后一次飞行时发生故障而无法收集数据。2003 年 9 月，"伽利略号"木星探测器在接到人类最

后一道指令后，以大约每小时 17 万千米的速度冲入木星风暴中，按程序坠毁在木星。

"朱诺"探测器

2008 年 11 月 24 日美国国家航空航天局宣布，将于 2011 年 8 月发射一个新的木星探测器"朱诺"，展开对木星的深入探测。

"朱诺"由美国洛克希德—马丁公司建造，美国国家航空航天局下属喷气推进实验室负责整个探测任务的运行。预计到 2016 年，"朱诺"将飞抵绕木星运行的轨道上。它每年大约可绕木星运转 32 圈，通过它的探测，科学家希望了解木星这颗巨行星的形成、进化和结构等。

木星距离太阳超过 6.4 亿千米，是地球与太阳距离的 5 倍。尽管距太阳如此遥远，"朱诺"供电系统仍设计成太阳能电池板供电形式，因此它的能效设计要求极高。

让我们预祝"朱诺"好运！

人类飞行器史话

第五章　带你去太空——载人航天器

　　人类经过多少世纪的期待和努力，终于伴随着苏联航天员加加林飞出地球大气层空间的瞬间，实现了飞入太空的梦想。载人航天，顾名思义就是人类通过航天器进入太空，在太空进行生活、工作、生产以及研究活动，并且返回地球。载人航天器可分为载人飞船、空间站和航天飞机。

宇宙的帆船——载人飞船

　　人类载人航天事业起步于 20 世纪 50、60 年代。1961 年 4 月 12 日，27 岁的苏联航天员尤里·加加林乘坐人类第一艘载人飞船"东方 1 号"在离地面 181000 米的轨道上，绕地球飞行一周，108 分钟后安全返回地面，揭开了人类载人航天的历史篇章。

　　载人飞船，又称宇宙飞船，即用多级火箭做运载工具，从地球发射的可在宇宙飞行并安全返回的一次性使用的载人航天器。它能基本保证航天员在太空短期生活并进行一定的工作。它的运行时间一般是几天到半个月。

　　载人飞船一般由三部分组成，第一段为推进舱，也称服务

舱，为飞船提供电源、动力支持；第二段为返回舱，为飞船航天员升空和返回时提供安全可靠的环境支持；第三段是轨道舱，为有效载荷的各种科学试验提供保障。

载人飞船具有多种用途，主要有：进行近地轨道飞行，试验各种载人航天技术，如轨道交会对接和航天员在轨道上出舱、进入太空等活动；考察轨道上失重和空间辐射等因素对人体的影响，发展航天医学；进行载人登月飞行；为航天站接送人员和运送物质；进行军事侦察和地球资源勘测；进行临时性的天文观测等。

迄今为止，苏联/俄罗斯、美国先后研制了6个系列的载人飞船："东方号""上升号""联盟号""水星号""双子星座号"和"阿波罗号"，并且正在加紧研制新一代的航天器"奥赖恩号"。

"东方号"载人飞船

"东方号"是苏联最早的载人飞船系列。飞船由乘员舱和设备舱及末级火箭组成，总重6.17吨，长7.35米。乘员舱呈球形，直径2.3米，重2.4吨，外侧覆盖有耐高温材料，能承受再入大气层时因摩擦产生的5000摄氏度左右的高温。乘员舱只能载一人，有三个舱口，一个是航天员出入舱口，另一个是与设备舱连接的舱口，再一个是返回时乘降落伞的舱口，航天员可通过舷窗

观察或拍摄舱外情景。航天员的座椅装有弹射装置，在发生意外事故时可紧急弹出脱险，在飞船下降到距离地面 7000 米的地方，航天员连同座椅一起弹出舱外，并张开降落伞下降，在达到 4000 米高度时，航天员与座椅分离，只身乘降落伞返回地面。设备舱为顶锥圆筒形，长 2.25 米，重 2.27 吨，在飞船返回大气层之前，与乘员分离，弃留太空成为无用之物。

苏联"东方号"载人飞船发射升空

"东方号"载人飞船打开了人类通往太空的道路。1961 年 4 月 12 日，加加林乘"东方 1 号"飞船环绕地球飞行一周，成为进入太空的第一人。"东方 2 号"创造了绕地球飞行 17 圈的记录，在轨道上进行了两次编队飞行。第二次编队飞行，在太空持续了 3 昼夜，苏联女航天员捷列什柯娃参加了这次飞行，她是世界上第一位上天的女性。和捷列什柯娃一起飞行的另一名航天员贝科夫斯基，首创了空间飞行 119 小时的纪录。

从 1961 年 4 月到 1963 年 6 月，苏联共发射了 6 艘"东方号"系列飞船。

"上升号" 载人飞船

"上升号"载人飞船是以"东方号"飞船为基础改进而成的。飞船重5.32吨，球形乘员舱直径与"东方号"飞船大体相同，改进之处是提高了舱体的密封性和可靠性。航天员在座舱内可以不穿航天服，返回时不再采用弹射方式，而是随乘员舱一起软着陆。计划的主要目的是试验载多人的飞船系统，继续考察航天员在太空中的工作能力，以及考察航天员之间相互配合的能力。

苏联"上升号"载人飞船

"上升号"一共只发射了2艘。1964年10月12日发射的"上升1号"载3名航天员在太空飞行了24小时17分钟，3位航天员完全处于自由状态，不管工作、饮食、休息，都不扎上皮带，以充分体验失重状态对人体机能的影响。1965年3月18日发射的"上升2号"载两名航天员在太空飞行了26小时2分钟，其中一位航天员穿上了特制的航天服，在宇宙空间自由飘动，最远飘离飞船5公尺。

人
类
飞
行
器
史
话

"联盟号" 载人飞船

"联盟号" 是苏联/俄罗斯使用时间最长的载人飞船系列。它分为 "联盟号" "联盟 T" "联盟 TM" 和 "联盟—TMA" 几个发展阶段。

太空中飞行的"联盟号"

"联盟号" 于 1967 年 4 月 23 日首次发射，能载 3 名航天员，长 9 米，最大直径 2.72 米，航天员活动空间 9 立方米，发射重量 6600 千克，着陆重量 3000 千克，具有轨道机动、交会和对接能力，可为空间站接送航天员，又能在对接后与空间站一起飞行，是苏联/俄罗斯载人航天计划中重要的天地往返运输系统。

"联盟—T" 飞船于 1980 年 6 月 5 日首次发射。飞船能乘坐 3 名航天员，设计寿命 14 天，总长度 7.5 米，最大直径 2.7 米，航天员活动空间 9 立方米，总重量 6850 千克，总推进剂 700 千克。"联盟—T" 飞船，也可无人飞行，从 1979 年 12 月至 1986 年 3 月共发射了 15 艘。

"联盟 TM" 是 "联盟—T" 的改进型，改进主要涉及飞船的

对接系统、通信系统、推进系统、应急救生系统和降落伞系统。飞船长约7米，最大直径2.7米，太阳电池翼翼展10.7米，生活舱总容积约103米，起飞质量7070千克，返回质量约2900千克。

它的主要任务是把航天员送入"和平号"空间站，待航天员完成任务后再把航天员送回地面。从1986年5月至2002年4月底共发射了34艘，其中"联盟—TM—1"为不载人试飞。

由于俄罗斯的航天员身高一般比美国航天员矮，为满足建造"国际空间站"的需求，应美国的要求，俄罗斯对"联盟TM"飞船进行了改进，改进后的"联盟TMA"飞船于2002年10月29日升空，从而可以运送个子更高、体重更重的航天员。

"联盟TMA"飞船承担着为国际空间站运送航天员和物资的重任。

"水星号"载人飞船

"水星号"是美国第一个载人飞船系列，主要目的是试验飞船各系统及失重对人体的影响。飞船总长约2.9米，底部最大直径1.86米，重约

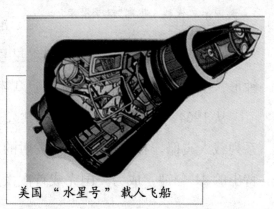

美国"水星号"载人飞船

人
类
飞
行
器
史
话

1.3~1.8 吨，由圆台形座舱和圆柱形伞舱组成。

从 1961 年到 1963 年，美国共发射了 6 艘"水星号"系列载人飞船。1961 年 5 月，第一艘"水星号"飞船进行了载人亚轨道飞行，开始了美国的载人航天历程。1962 年 2 月，第 3 艘"水星号"进行了首次载人轨道飞行，美航天员约翰·格伦成为继加加林之后第二个进入太空的人。

"双子星座号"载人飞船

美国第二代载人飞船"双子星座"

"双子星座号"系列飞船是美国的第二代载人飞船，主要目的是在轨道上进行机动飞行、交会、对接以及实现航天员舱外活动，为阿波罗飞船登月做技术准备。

"双子星座号"飞船形状与水星号飞船相似，基本呈圆锥—钟形，全长 5.7 米，底部最大直径 3 米，重约 3~3.9 吨。

从 1964 年到 1966 年，美国共发射了 12 艘"双子星座号"系列载人飞船。在 1965 年 6 月发射的双子星座—4 号飞船上，怀特出舱 21 分钟，成为美国完成首次太空行走的航天员。

"阿波罗号"载人飞船

美国的"阿波罗"计划是人类第一次登上月球的伟大工程，始于 1961 年 5 月，结束于 1972 年 12 月，历时 11 年 7 个月。"阿波罗"计划的目的是把人送上

美国"阿波罗号"载人飞船

月球，实现人对月球的实地考察，并为载人行星探险做技术准备。

"阿波罗"飞船由指挥舱、服务舱和登月舱 3 部分组成，发射上升段时还有救生塔。飞船总重量约 50 吨，高约 16 米，连同救生塔约 25 米。其中指挥舱为圆锥形，高 3.5 米，底部直径 3.9 米，重约 6 吨；服务舱是一个直径为 3.9 米，高 7.6 米的圆柱体，重约 25 吨；登月舱高 6.9 米，宽 4.3 米，质量 14 吨。

1968 年 10 月，第一艘载人的"阿波罗—7 号"飞船发射升空。在此之前，"阿波罗"计划中只做了不载人的飞行试验。从"阿波罗—7 号"到"阿波罗—18 号"，美国发射了 12 艘"阿波罗"载人飞船。其中 1969 年 7 月 16 日发射的"阿波罗—11 号"

"阿波罗 11 号" 航天员

于 7 月 20 日实现了人类历史的首次登月，1971 年 7 月 26 日发射的 "阿波罗—15 号" 飞船首次把一辆月球车送上月球。在整个 "阿波罗" 计划中，共有 6 次登月成功，12 名航天员登上月球。

"奥赖恩" 载人飞船

2006 年 8 月 31 日，美国国家航空航天局正式宣布，选定洛克希德—马丁公司为其设计、制造名为 "奥赖恩" 的新一代载人航天器，送航天员重返月球乃至登陆火星。此举也标志着美国新一阶段载人航天计划正式启动。

"奥赖恩" 在英文中是 "猎户星座" 的意思，猎户星座是天空中最明亮的星座之一，是大家十分熟悉而且极易辨认的星座。到 2010 年时，"奋进号" "阿特兰蒂斯号" 和 "发现号" 航天飞

机都将退役，"奥赖恩"将成为美国载人太空探索的主要工具。

新设计的"奥赖恩"融入了计算机、电子、生命支持、推进系统及热防护系统等领域的诸多最新技术。它的外形为圆锥状，

美国 "奥赖恩" 载人飞船

这种形状被认为是航天器重返地球大气层时最为安全可靠的外形设计。

"奥赖恩"的内部空间比 40 年前的"阿波罗"飞船大 2.5 倍，最多可容纳 6 名航天员。它的首次亮相飞行将不晚于 2014 年，届时航天员将乘坐它飞往国际空间站。接下来在 2020 年之前，"奥赖恩"将首次执行飞往月球的任务。

在实现登月后，"奥赖恩"还将飞往火星，但目前需要解决的是发动机燃料问题。"奥赖恩号"目前使用的是传统的自燃式液体燃料，如果条件成熟，未来飞往火星的飞船将使用甲烷当燃料，一方面推力更大，另一方面这种燃料可以由航天员在火星上提取制造。

人
类
飞
行
器
史
话

中国的"神舟"飞船

　　1994年初,"神舟"这个名字从众多的飞船方案中脱颖而出。从此,我国自主制造的载人飞船有了名字——"神舟"。从字面上看,"神舟"意为"神奇的天河之舟",又是"神州"的谐音,象征着飞船研制得到了全国人民的支持,是四面八方、各行各业大协作的产物;同时,"神舟"又有神气、神采飞扬之意,预示着整个中华民族都将为飞船的诞生而无比骄傲与自豪。

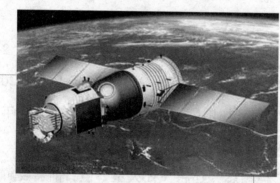

中国"神舟1号"太空飞船飞行示意图

　　中国载人航天工程于1992年立项,经过7年的艰苦努力,初步建立了载人航天科学。技术与工程体系突出了主要关键技术,载人准备工作进展顺利。"神舟"飞船经过多年充分的研究论证,我国的科学家对于载人航天的目标及其途径形成了明确意见。由于"神舟"飞船设计起点高,系统复杂,所以在正式载人飞行前进行了多次无人飞行实验来验证其设计可靠性,以确保飞行安全。

　　"神舟"载人飞船全长8.86米,最大处直径2.8米,总重量达到7790千克。"神舟"飞船采用的是典型的"三舱一段"式

结构。从构型上来说，由返回舱、轨道舱和推进舱以及一个附加段组成。

　　返回舱是载人飞船唯一返回地球的舱段，飞船起飞、上升到入轨及返回着陆时，航天员都在返回舱内。"神舟"飞船的返回舱是一个钟的形状，其舱门与轨道舱相连，航天员通过这个舱门可以进入轨道舱。

　　"神舟"飞船的轨道舱呈圆桶形状，是航天员工作、生活和休息的地方。轨道舱的后端底部设

中国 "神舟" 太空飞船

有舱门，通过这个舱门，与返回舱相连接，航天员通过这个舱门可以进入返回舱。轨道舱外部两侧装有两个像小鸟翅膀一样的太阳电池翼，轨道舱所需要的电能就是通过这两个电池翼提供的。

　　推进舱又称设备舱，其形状是圆柱形的，舱内安装发动机和推进剂，其使命是为飞船提供姿态调整和进入轨道维持所需的动力，飞船电源、环境控制和通信等系统的一部分设备也安装在这里。推进舱外部两侧安装了两个太阳电池翼，为飞船提供所需的

电能。加上轨道舱上的两个太阳电池翼，"神舟"飞船上共有四个太阳电池翼。

1999 年 11 月 20 日，"神舟 1 号"实验飞船成功进入太空，在轨道运行了 14 圈后顺利按照预定程序返回，并准确着陆。其后，"神舟 2 号"～"4 号"又顺利升空，中国航天向载人飞行迈出了重要一步。

中国 "神舟 5 号" 太空飞船太空航行

2003 年 10 月 15 日，我国自主研制的"神舟 5 号"飞船载着中国第一名航天员杨利伟顺利升入太空。在飞船的返回舱内还搭载有一面具有特殊意义的中国国旗、一面北京 2008 年奥运会会徽旗、一面联合国国旗、人民币主币票样、中国首次载人航天飞行纪念邮票、中国载人航天工程纪念封和来自祖国宝岛台湾的农作物种子等。

"神舟 5 号"飞船的发射成功，使中国成为世界上第三个能独立进行载人航天飞行的国家，宣告中国正式成为太空俱乐部的一员。

2005 年 10 月 12 日，"神舟 6 号"飞船搭载航天员费俊龙和

聂海胜发射升空，于 10 月 17 日成功返回。

"神舟 6 号"飞船有以下特点：起点很高，飞船具有承载 3 名航天员的能力；一船多用，航天员返回后，轨道舱可以在无人值守的状态下，作为卫星继续利用半年，甚至可以在今后进行交会对接实验；返回舱的直径大，是 2.5 米；飞船返回非常安全。

在飞行中，航天员进入了轨道船舱，在失重状态下进行了多项人体生理实验，第一次获得了"真正"的数据。此次飞行标志着我国载人航天工程第二步的开始。

2008 年 9 月 25 日，"神舟 7 号"飞船载三名航天员翟志刚、刘伯明、景海鹏成功升空，并且在轨运行中实现一名航天员出舱行走。我国真正意义上在太空中留下了中华民族的脚印，也为今后的载人航天后续工程及以后的探月工程和远地外太空探测，打下了坚实的基础。

巡航在太空的空间站

人类并不满足于在太空作短暂的旅游。人类希望可以在太空建立供长期生活和考察的基地，那么这就需要建立空间站。空间站是一种在近地轨道长时间运行，可供多名航天员在其中生活工作和巡访的载人航天器。小型的空间站可一次发射完成，较大型的可分批发射组件，在太空中组装成为整体。

随着航天技术的不断进步，在太空建立新居所的技术日趋成熟。到目前为止，在太空建成的空间站共有 10 个，包括苏联（俄罗斯）的 7 个"礼炮号"空间站、1 个"和平号"空间站、美国的 1 个"天空实验室"和 1 个国际空间站。

"礼炮号"空间站

苏联一共发射了 7 个"礼炮号"空间站。1971 年 4 月 19 日，苏联发射了世界上第一个空间站——"礼炮 1 号"，太空飞行进入了一个新阶段。

"礼炮 1 号"空间站由轨道舱、服务舱和对接舱组成，总长约 12.5 米，最大直径 4 米，总重约 18.5 吨，可居住 6 名航天员。站上装有各种试验设备、照相摄影设备和科学实验设备。"礼炮 1 号"空间站在太空运行 6 个月，相继与"联盟 10 号""联盟 11

号"两艘飞船对接组成轨道联合体，完成任务后于同年 10 月 11 日在太平洋上空坠毁。航天员在它上面连续停留的时间最长为 63 天。

"礼炮 2 号"至"礼炮 5 号"属于第一代空间站，它们每个重量约 19 吨，长 16 米，只有一个对接口，可与"联盟号"载人飞船对接。第二代"礼炮 6 号"和"礼炮 7 号"空间站对接口增加到两个，可分别与载人和载货用的飞船进行对接。

苏联 "礼炮号" 空间站

苏联的前 6 个空间站于 1973 年至 1982 年间发射，最后一个即"礼炮 7 号"在 1991 年坠落到地球。

"天空实验室"空间站

1973 年 5 月 14 日，美国在肯尼迪宇宙中心发射的第一个轨道空间实验室，是人类迄今向近地轨道发射的人造天体中重量和容量最大而又最复杂的一个。"天空实验室"全长 36 米，最大直径 6.7 米，总重约 80 吨。

"天空实验室"通过两次发射对接而成，由轨道工作舱、过

渡舱、多用途对接舱、太阳望远镜和"阿波罗"飞船五部分组成。运载火箭先是将在地面装配好的工作舱、过渡舱、对接舱和太阳能望远镜送入轨道，随后再把乘有航天员的"阿波罗"飞船送入轨道，使飞船和对接船对接，组成完整的实验室。

美国的"天空实验室"空间站

自 1973 年 5 月到 1974 年 2 月，空间站先后接纳过 3 批航天员，每批 3 人，在空间站分别工作了 28 天、59 天和 84 天，进行了 270 多项研究实验，包括观察太阳和科胡特克彗星、从熔化的金和锗的混合物中制造超导体，拍摄了 18 万张太阳活动的照片，4 万多张地面照片。

1979 年 7 月 11 日，地面操作人员向天空实验室发出最后一次指令，使它安全地飞过北美大陆上空人口稠密地区，然后返回地球。天空实验室接到指令后，穿过大气层，最后化成无数碎片，坠落在澳大利亚西部地区和南印度洋。至此，它在宇宙空间运行了 2246 天，绕地球 3.4981 万圈，航程达 14 亿多千米。

"和平号"空间站

最著名的也是功勋卓著的空间站当属苏联于 1986 年 2 月 20 日发射的"和平号"空间站。

苏联"和平号"空间站

"和平号"空间站是当时世界上重量最大、载人最多、寿命最长、技术最先进、在轨工作时间最长的空间站，也是世界上第一座采用多舱段组合方式的空间站。它使过去的"一居室"变成所需的"多居室"，扩展了航天员的活动空间。"和平号"全长 13.13 米，最大直径 4.2 米，重 21 吨，由工作舱、过渡舱、非密封舱 3 个部分组成，共有 6 个对接口。

从 1986 年第一个舱段进入轨道后到 2001 年的 15 年中，它绕地球飞行了近 8 万圈，行程 35.2 亿千米，先后 102 次与"联盟 TM 号""进步号"和美国航天飞机等运载工具对接过，接待过 12 个国家的 135 名航天员。航天员们在"和平号"上开展了天文观测、空间生命科学、空间加工工艺、新材料和生物产品的制备等多个领域的 16500 次科学实验和研究。

"和平号"的原设计寿命为 5 年，但它在太空运行了 15 年，超期服役了 10 年，于 2001 年 3 月 23 日在人工控制下葬身南太平洋。全世界的航天界人士都为之惋惜，人们将会记住它为载人航天事业所作出的巨大贡献。

国际空间站

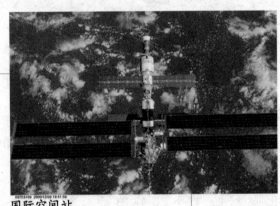

国际空间站

1984 年，美国提出建立国际空间站，欧空局及日本、加拿大等国纷纷响应，并于 1988 年正式加盟这个计划，把它命名为"自由号"空间站。由于这一计划在当时受到政治、经济、技术等方面的制约，反对"自由号"空间站的呼声日益高涨，甚至险些被取消。后来，以美国为首的"自由号"空间站合作伙伴邀请俄罗斯加盟，在原"自由号"空间站和"和平 2 号"空间站的基础上，联合建造"阿尔法"国际空间站，也就是现在的"国际空间站"。

就这样，由美国和俄罗斯牵头，联合欧空局 11 个成员国（即德国、法国、意大利、英国、比利时、荷兰、西班牙、丹麦、挪威、瑞典和瑞士）、日本、加拿大和巴西（1997 年加入）等 16 个国家共同建造和运行的国际空间站诞生了。国际空间站成为迄今最大的航天合作计划。

国际空间站主要结构是：基础桁架（用来安装各舱段、太阳能电池板、移动服务系统及站外暴露试验设施等）、居住舱、服务舱、功能货舱、多个实验舱、3 个节点舱、能源系统和太阳能电池帆板、移动服务系统。

国际空间站计划分三阶段进行：

1994 年至 1998 年为第一阶段——准备阶段。目前已顺利完成

国际空间站航天员出舱工作

第一阶段的任务，主要进行了 9 次美国航天飞机与俄罗斯"和平号"空间站的交会对接，取得了宝贵的经验。

1998 年 11 月 20 日，国际空间站的第一个组件——"曙光号"功能货舱（美国出资，俄罗斯制造）发射成功，标志着国际空间站正式进入第二阶段——初期装配阶段（1998 – 2001 年），主要内容是建立国际空间站的核心部

太阳战车

Tai Yang Zhan Che

人类飞行器史话

分，使空间站拥有初始的载人能力（3 人）。

第三阶段（2000 – 2005 年）为最终装配和应用阶段。国际空间站建成后，可载 6 人，工作寿命为 15 ~ 20 年。

国际空间站作为科学研究和开发太空资源的手段，为人类提供了一个长期在太空轨道上进行对地观测和天文观测的机会。

国际空间站项目于 1998 年正式开始建设，如今空间站已经运转 11 年，按其设计寿命可服役至 2015 年。

航天飞机设计思想的形成

自第一颗人造卫星发射以后，苏、美等发达国家的航天事业如雨后春笋般地发展起来，收益越来越显著，发射越来越频繁。但发射这些航天器用的运载火箭十分昂贵，而且不可回收，巨大的耗资严重限制了航天事业的蓬勃发展。因此，发展一种可重复使用的运输系统，以降低航天费用，成为继续发展航天事业的迫切需要。

早在 20 世纪 30 年代初，奥地利维也纳人赫费特、瓦里尔和桑格尔等曾提出用火箭发动机作动力装置的飞机，试图使用这种火箭在高空进行高速飞行，并形

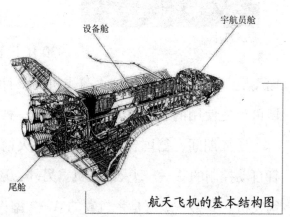

航天飞机的基本结构图

成以这种飞机进行空间飞行的设计思想。这也可以看作是航天飞机的早期设计思想萌芽。

这种火箭飞机不仅要飞离地球，而且还要能返回地面，可以重复使用。虽然这是一种更经济和全面的设想，但由于当时技术条件的限制，这是根本无法实现的。不过，发展一种可重复使用的火箭飞机，飞向宇宙空间的思想却从来没有被放弃过，研究工

人类飞行器史话

作也从未间断。

航天飞机

第二次世界大战前夕，一些国家出于军事上的需要，许多设计师为了使飞机达到更大的高度和速度，曾试用火箭发动机作为飞机的动力装置。例如，1939 年德国工程师布劳恩利用以过氧化氢和甲醇作推进剂的火箭发动机，研制了 HE—178 型火箭飞机，时速曾达到 850 千米。苏联也曾于 1939 年设计过 RP—318 型火箭滑翔飞机。这类有人驾驶的火箭飞机的设计，都可以看作是对于发展可重复使用的载人空间运输系统的一种有益的尝试和促进。

二战期间，德国曾计划给 V—2 火箭配置上机翼，以制成一种自动控制的 A—9 型火箭飞机。另外，还设计了 A—10 型两级火箭飞机。其第一级就是带机翼的 A—9 型火箭飞机，它可以使第二级火箭达到能在 35 分钟内飞行 4000 多千米的速度。在这两项设计尚未实现时，战争就结束了。有关的研制人员都先后到了美国和苏联，其中著名的火箭设计师布劳恩到了美国。

二战结束后，论述有关可重复使用火箭飞机的设计思想更加活跃，参加的科学家和工程师也越来越多。

1946 和 1947 年间，由美国贝尔公司设计的 X—1 型火箭飞机

进行首次超音速飞行。

1947 年，美国就曾报道过一种往返月球的两级可回收的空间运输系统。

1952 年，在美国的德国科学家布劳恩全面论述了大型可重复使用的助推器的概念。1954 年，美国空军正式开始资助这项研究并取名为"保米计划"，1957 年在上述研究的基础上又形成了一个"轨道再入滑翔机"的计划，即所谓的"戴纳—索尔计划"，它的目的就是用火箭助推剂将滑翔机送到大气层以上，返回时利用滑翔无动力着陆。

实际上，这已体现了航天飞机的一些设计思想，但由于当时技术力量所限，根本无法将其实现。

进入 60 年代，欧洲许多国家对发展航天飞机产生了浓厚兴趣，并希望与美国合作，但此时美国正全力以赴地开展登月计划，无暇旁顾，失去

航天飞机

财力和技术支持的航天飞机研究只能陷入停滞。

直到 1972 年，美国才正式启动航天飞机计划，经过对方案的论证及研制经费、技术能力和时间的权衡后，最终选择了一个两极式、部分可重复使用的航天飞机的折中方案，并将其作为 70

年代美国航天计划的重点。

1981 年 4 月 12 日美国东部标准时间上午 7 点零 3.98 秒，世界上第一架实用的航天飞机"哥伦比亚号"从肯尼迪空间中心的 39A 发射台上起飞，在三台主发动机和两台助推发动机高达 340 万千克的推力下，轨道器稳稳地进入 241.3 千米高的圆形轨道。"哥伦比亚号"绕地球飞行了 36 圈后，于 14 日安全返回大气层，并着陆成功。

这次的首发成功，标志人类载人航天进入了一个新纪元。

航天飞机全新登场

　　航天飞机是以火箭发动机为动力发射到太空，能在轨道上运行，且可以往返于地球表面和近地轨道之间，可以部分重复使用的航天器。它由轨道器、固体燃料助推火箭和外贮箱三大部分组成。从功能上讲，航天飞机能够用于人造卫星等有效载荷的发射，能够像飞船一样搭载航天员进行航天飞行，能够像小型空间站那样开展各类空间科学研究与实验，因此它同时具备运载火箭、宇宙飞船、空间站的功能，因而被称为航天多面手。

　　在综合了上述各类发射工具和航天器能力之外，它还具有一些独特的能力，比如一次发射载荷的数量更多，一次承载航天员人数比飞船更多；能够处于常备状态，可以迅速发射以应对轨道上的突发事件；对航天员的要求降低，使普通人也可参加航天飞行；能够为长期性空间站提供更好的服务，等等。

　　20 世纪 70、80 年代，美国、苏联、法国和日本等国相继开始研制航天飞机，但由于技术和资金等原因，至今只有美国成功建造，并实际执行了太空任务，其中"企业号"为样机，另外有5 架工作机，分别是"哥伦比亚号""挑战者号""发现号""阿特兰蒂斯号"和"奋进号"。

人
类
飞
行
器
史
话

"企业号" 航天飞机

首次航天飞机发射前 20 个月

1976 年 9 月 17 日，人类历史上第一架航天飞机被拖出了罗克威尔的帕玛戴尔总装大楼。这架编号为 OV—101、取名 "企业号" 的航天飞机是美国航天飞机计划中第一架原型机。

"企业号" 航天飞机长 37.2 米，宽 23.8 米，高 17.4 米，空重 72.6 吨，载荷舱长 18.2 米，宽 4.6 米，能将 29.5 吨重载荷送上 370 至 1110 千米高的空间轨道，并可从空中带回 1.45 吨重载荷。在具有辅助电源的前提下，"企业号" 可在太空停留 30 天，并可执行各种太空使命。

但实际上它是一个纯粹的测试平台，没有发动机，没有设备，没有任何功能。本来 "企业号" 是准备作为 "哥伦比亚号" 之后的第二架航天飞机的，但是后来美国国家航空航天局发觉改装测试平台 STA—099（后来的 "挑战者号"）更划算，而后来

"奋进号"又被建造出来，"企业号"就再也没有上天的机会了。

在加利福尼亚肯尼迪空军基地的研究中心里，"企业号"被用于各种 ALT（返回及着陆）测试，包括被一台波音 747 飞机背负运输的飞行测试，以及后来自由飞行的着陆测试。在 ALT 测试以后，"企业号"还被竖起来，装配好燃料箱和助推火箭，在发射状态下进行测试。

尽管"企业号"航天飞机从未飞上太空，但在它身上所得到的宝贵试验数据，为其后的第一架实用航天飞机"哥伦比亚号"的顺利升空奠定了基础。

"企业号"在完成了测试使命后，被收藏在史密桑尼亚协会的博物馆里，直到 2003 年"哥伦比亚号"航天飞机失事，"企业号"上的玻璃瓦才又被拆下进行测试，以调查"哥伦比亚号"的失事原因。

"哥伦比亚号"航天飞机

美国"哥伦比亚号"航天飞机 1981 年 4 月 12 日首次发射，是美国最老的航天飞机。截止到 2003 年 1 月 16 日，"哥伦比亚号"共飞行了 28 次。

它的名称来自于一位美国船长罗伯特·格雷的单桅帆船。1792 年 5 月 11 日，格雷和他的船员穿过了河口宽达 1000 英里的危险沙洲，到达了今天的东南哥伦比亚、加拿大和华盛顿—俄勒

人类飞行器史话

美国"哥伦比亚号"航天飞机

冈的边界，这条河流从此便由此船命名。格雷是第一个完成环球航行的美国人，他和他的船员驾驶着"哥伦比亚号"满载着水獭皮到达了法国、中国，又回到了波士顿。

后来又有其他的船使用这个名字，所以"哥伦比亚号"传播开来，以至于"阿波罗 11 号"飞船登月计划中的指令舱也起名为"哥伦比亚"。

"哥伦比亚号"机舱长 18 米，能装运 36 吨重的货物。它的外形像一架大型三角翼飞机，机尾装有三个主发动机和一个巨大的推进剂外贮箱，里面装着几百吨重的液氧、液氢燃料。它附在机身腹部，供给航天飞机燃料进入太空轨道。外贮箱两边各有一枚固体燃料助推火箭。整个组合装置重约 2000 吨。

在返航时，它能借助气动升力的作用，滑行上万千米的距离，然后在跑道上水平降落。在滑行中，它还能向两侧方向作 2000 千米的机动飞行，以选择合适的着陆场地。

美国航天员和一名以色列航天员

2003 年 2 月 1 日，"哥伦比亚号"航天飞机在代号 STS—107 的第 28 次任务重返大气层的阶段中与控制中心失去联系，并且在不久后被发现在德克萨斯州上空爆炸解体，机上 7 名航天员全数罹难。这是继 1986 年"挑战者号"爆炸后，美国发生的第二次航天飞机失事事件。

事故发生后，"哥伦比亚号"航天飞机事故独立调查小组公布了关于航天飞机失事原因的最终报告。报告指出，是美国国家航空航天局长期以来在安全问题上的放松和疏忽导致了这起悲剧的发生。

为了避免事故的再次发生，美国国家航空航天局对航天飞机进行了改进，其内容包括：重新设计附着在航天飞机外部燃料贮箱上的泡沫防热瓦；调整航天飞机防热系统；改进航天飞机在发

人
类
飞
行
器
史
话

射时的地面拍摄和雷达探测范围；在航天飞机上安装多台摄像机，以便补充拍摄发射图片；研究改变航天飞机返回时的轨道，尽可能使机翼前缘和隔热瓦的加热温度最低。

2006 年 7 月，美国航天飞机再次恢复飞行。

"挑战者号" 航天飞机

美国 "挑战者号" 航天飞机

"挑战者号" 航天飞机是肯尼迪航天中心发射的第二架航天飞机，其名字来源于英国海军的一艘研究船，在 19 世纪 70 年代，该船曾在大西洋和太平洋中航行过。"阿波罗 17 号" 的登月舱也曾被命名为 "挑战者"。

"挑战者号" 航天飞机开发初期原本是被作为高拟真结构测试体，但在 "挑战者号" 完成初期测试任务后，被改装成正式的轨道载具，并于 1983 年 4 月 4 日正式进行任务首航。

然而不幸的是，载着 7 名航天员的 "挑战者号" 在 1986 年 1 月 28 日进行第 10 次太空任务时，在发射后 73 秒爆炸，这一惨

剧震惊了世界。

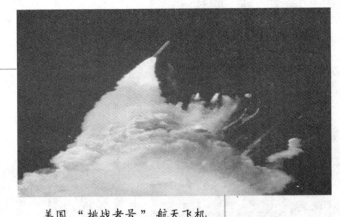

美国 "挑战者号" 航天飞机

事故原因最终查明：起因是助推器两个部件之间的接头破损，喷出的燃气烧穿了助推器的外壳，继而引燃外挂燃料箱。燃料箱裂开后，液氢在空气中剧烈燃烧爆炸。当然，导致这场事故的间接原因也很多，包括技术问题、飞行程序问题、管理问题，等等。

"发现号" 航天飞机

"发现号" 航天飞机是美国建造的第三架航天飞机，1983 年 11 月建造完成，1984 年 8 月 30 日首航。

美国"发现号"载荷示意图

"发现号"名字来源于历史上著名的探险船只，一艘是18世纪70年代英国探险家詹姆斯·库克在南太平洋航海探险时所用船只之一。他驾驶着这艘小船在南太平洋航行，成为第一个踏上夏威夷群岛的非土著居民；另一艘是1610年至1611年探险家亨利·哈得逊在加拿大哈得逊湾搜寻大西洋和太平洋之间的西北水道时所用船只。"发现号"的名字在人类地理探索史上拥有极重要的地位，并在人类太空探索史中得到延续。

"发现号"的专业名称为"OV—103"，即"轨道飞行器103"。它的机身长37.2米，翼展达23.8米，载货舱长18.3米，横断面直径4.6米。

美国"发现号"航天飞机发射瞬间

在历次发射中，"发现号"战绩辉煌，曾将包括"哈勃"太空望远镜在内的 20 多颗各类卫星及探测器送入太空。1995 年，"发现号"又一次成为头条新闻。它在第一位女航天飞机驾驶员柯林斯的操纵下飞过了"和平号"空间站。"发现号"还部署了几颗军事和研究卫星（包括其他国家的卫星）。具体有如下重要成绩：

1984 年 8 月 30 日——首次飞行。

1988 年 9 月 29 日——"挑战者号"失事后美国航天飞机的首航。

1990 年 4 月 24 日——将"哈勃"太空望远镜送上轨道，人类有了观察遥远宇宙的"火眼金睛"。

1998 年 10 月 29 日—— 搭载着 77 岁的参议员约翰·格伦起飞。格伦是曾搭乘"水星"飞船升空的美国首名航天员。这次他又成为最高龄的"太空人"。

2005 年 7 月 26 日——"哥伦比亚号"失事后美国航天飞机的首航。

2008 年 5 月 31 日——为国际空间站运送新舱，还为空间站送去"新人"格雷戈里·查米托夫，成为空间站第 17 长期考察组的飞行工程师。

 第五章 带你去太空

— 187 —

太阳战车
Tai Yang Zhan Che

人类飞行器史话

"阿特兰蒂斯号"航天飞机

"阿特兰蒂斯号"是美国制造并投入使用的第四架航天飞机，它的航天专业名称为 OV—104，即"轨道飞行器 104"。

"阿特兰蒂斯"的名字来源于美国马萨诸塞州伍兹·霍尔海洋学研究所 1930 年至 1966 年间使用过的一艘重要的双桅帆船。这艘科学考察船是当时第一艘用于海洋科学研究的船只。

美国"阿特兰蒂斯号"航天飞机

"阿特兰蒂斯号"从前任航天飞机中吸取了许多经验。在首飞时，它比"哥伦比亚号"轻 3240 千克；在轨道器组装中获得的经验，使组装"阿特兰蒂斯号"所需人时比"哥伦比亚号"减少了 49.5%，这大部分来源于在机身前部采用防热敷层取代陶瓷片。

"阿特兰蒂斯号"继承了海洋考察船的探索精神。在之后的飞行中，它完成了多次举世瞩目的飞行任务，其中包括 1989 年把"伽利略号"木星探测器和"麦哲伦号"金星探测器送入太空，1991 年将"康普顿"伽马射线望远镜送入

太空。

从 1995 年开始，"阿特兰蒂斯"号相继执行了 7 次飞往"和平号"空间站的飞行任务，为此后俄美合作建设国际空间站拉开

美国 "阿特兰蒂斯号" 航天飞机

了序幕。其中 1995 年 6 月 "阿特兰蒂斯号" 首次飞往 "和平号" 空间站的飞行恰好是美国历史上的第 100 次载人航天飞行。

"阿特兰蒂斯号" 是美国国家航空航天局现役 3 架航天飞机之一。美国国家航空航天局航天飞机项目经理韦恩·黑尔曾表示，3 架航天飞机到 2010 年将全部退役，而 "阿特兰蒂斯号" 将首当其冲。

"奋进号" 航天飞机

"奋进号" 航天飞机是美国国家航空航天局肯尼迪太空中心旗下的第五架实际执行太空飞行任务的航天飞机，也是最新的一架航天飞机。首次飞行是在 1992 年 5 月 7 日，负责的任务中有不小比例是作为国际太空站计划的支援。"奋进号"

空重 68647 千克，装发动机后重 78088 千克。

美国"奋进号"航天飞机

"奋进号"的名字来源于 18 世纪英国著名探险家、航海家和天文学家詹姆斯·库克的一艘船。1768 年 8 月，库克为了观察和记录金星经过地球和太阳之间这一稀有现象，驾驶"奋进号"航行到了南太平洋，完成了它的处女航行。据载，"奋进号"和它的船员是历史上第一次完成长距离远洋航行后，仍无一人因患坏血病而死的航行。库克船长也因善于利用食谱治疗而赢得了人们的信任。

从某个角度来说，"奋进号"是一艘"拼装"的航天飞机，它是以"发现号"和"阿特兰蒂斯号"的建造合约中一批同时生产的备用结构零件为基础，额外组装出来以便填补"挑战者号"意外坠毁后留下来的任务空缺。事实上因为是最后才开始建造，"奋进号"在建造过程中吸取了许多先前的教训，拥有更多新开发的硬件装备。例如，直径 40 英尺的减速伞，可缩短着陆滑跑距离 1000 到 2000 英尺；扩展续航时间的线路和管道使其具有执行长达 28 天任务的能力；改进的航空电子仪器包括通用计算机，增强的惯性仪器和战术导航系

统，恒星追随系统，改进的前轮操纵系统；还加装了新型辅助动力系统，可用于驱动航天飞机的液压系统。

在航天飞机投入使用后，原来设想的能够大幅度降低发射成本的愿望由于种种原因化为了泡影。但无论如何，航天飞机代表了载人航天事业的新阶段。随着相关技术的不断进步，未来的航天飞机应能解决目前航天飞机存在的问题，使载人航天更加例行化、普及化。

第五章　带你去太空

人
类
飞
行
器
史
话

第六章　　未来我们将飞向何方

　　如今的航空航天事业已融进当前所有最新的科技成就，形形色色的新型飞行器层出不穷，预示着航空航天飞行器又处在一个大发展的前夜。我们在未来的世界里，使用什么样的飞行器，飞向何方，这将有待于人类进一步的开发和实践。

节能的太阳能飞机

　　在众多新型飞行器中特别值得一提的要属太阳能飞机。太阳能飞机的动力装置由太阳能电池组、直流电动机、减速器、螺旋桨和控制装置组成。为了获取足够的太阳能，飞机上应有较大的铺设太阳电池的上部表面积，因此机翼面积较大。

　　太阳能飞机具有飞得高、续航时间长和飞行距离远的特点，是一个理想的空中飞行平台。太阳能飞机可作为人造卫星的补充，也能执行监视空中目标、探测风暴、探测水下珊瑚礁（为航海扫除水下障碍）和寻找成片油田的任务。

　　20世纪70年代末，人力飞机的研制积累了制造低速、轻型飞机的经验。在这一基础上，美国在80年代初研制出太阳"挑

战者号"单座太阳能飞机。飞机翼展 14.3 米，翼载荷为 60 帕，飞机空重 90 千克，机翼和水平尾翼上表面共贴有 16128 片硅太阳电池，在理想阳光照射下能输出 3000 瓦以上功率。这架飞机 1981 年 7 月成功地由巴黎飞到英国，平均时速 54 千米，航程 290 千米。太阳能飞机还处于试验研究阶段，它的有效载重和速度都还很低。

最著名的太阳能飞机是由美国研制的"太阳神号"无人机。"太阳神号"耗资约 1500 万美元，用碳纤维合成物制造，部分

"太阳神号"活动机翼全面伸展时达 75 米

起落架材料为越野自行车车轮，整架飞机仅重 590 千克，比小型汽车还要轻。"太阳神号"在外形方面的最大特点就是有两个很宽的机翼，其机身长 2.4 米，而活动机翼全面伸展时却达 75 米，连波音 747 飞机也望尘莫及。"太阳神号"机身上装有 14 个螺旋桨，动力来源于机翼上的太阳能电池板。"太阳神号"最高可飞到 30 千米高空，超出喷气式客机飞行高度 3 倍多。

不幸的是，2003 年 6 月 26 日，"太阳神号"在试飞时突然空中解体，坠入夏威夷考艾岛附近海域。事后经调查，"太阳神号"在空中飞行 36 分钟时突然遭遇强湍流，引起两个翼端向上弯，致使整个机翼诱发严重的俯仰振荡，超出飞机结构的扭曲

极限。

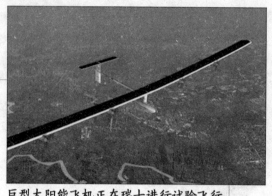

巨型太阳能飞机正在瑞士进行试验飞行

研制太阳能飞机有两项关键技术，一是要能有效地将太阳能聚集起来，二是要解决夜间和阳光微弱时的能源问题。太阳能飞机的概念出现于上世纪 70 年代，80 年代实现载人飞行，但从来没有进行过载人整夜飞行，而且飞行距离一直较短。

瑞士探险家贝特朗·皮卡尔 2003 年提出太阳能飞机环球飞行构想。科研人员历时 4 年制成了这架太阳能飞机，计划驾驶它经过 5 次起降实现环球昼夜飞行，这一计划被命名为"太阳脉动"。飞机载重量为 2 吨，太阳能收集板面积 250 平方米，翼展 80 米。环球飞行预计在 2011 年开始，这将是太阳能飞机历史上首次载人作昼夜、长距离飞行。

微小的飞行器

微型飞行器是于 20 世纪 90 年代发展起来的一种新型飞行器。这种微型飞行器有黄蜂大小，能在不受察觉的情况下飞入建筑物内拍照、录音。它的发展和应用，必将推动国防科技工业的发展，并且具有广阔的民用前景。

微型飞行器由于具有特殊的用途而备受关注。一个重要的应用是军事侦察。它可装备到士兵班，进行敌情侦察及监视，还可用于战争危险估计、目标搜索、监测化学、核或生物武器，侦察建筑物内部情况。

微型飞行器

因为其便于携带，操作简单，安全性好的优点，微型飞行器可在部队中大量装备。

在非军事领域，配置有传感器的微型飞行器可以用来搜寻灾难幸存者、有毒气体或化学物质源、消灭农作物害虫等。

在美国麻省理工学院一个专题研究小组提出的方案中，微型飞行器长度为 6~20 厘米、总重量 10~100 克、平台载荷 1~18 克，巡航速度 30~65 千米/小时、续航时间 20~60 分钟，最大

飞行距离 1～10 千米。

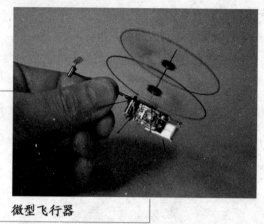

微型飞行器

2004 年 5 月美国国防高级研究计划局第一种完全以燃料电池为动力的微型飞行器——"大黄蜂"成功进行了首轮飞行试验。燃料电池是一种能量转换装置，氢与来自气流中的氧反应可用于产生电流。机翼上的硬质金属网除用于通过气流外，还可用于加强机翼结构，氢发生器与燃料电池所提供能量的潜力为 400 瓦/千克。这是世界上第一种完全使用燃料电池的微型飞行器。"大黄蜂"由无线电遥控，翼展 38 厘米，注满燃料后重为 170 克，使用的燃料电池系统在飞行时输出功率可达 10 瓦。

微型飞行器的核心技术是机体结构设计，由于机体结构体积极小，其容量和载荷都受到限

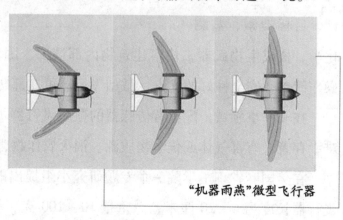

"机器雨燕"微型飞行器

制，因而不能像通常的侦察装置那样，给其元件加上外壳且不影响其他部件的性能。微型飞行器的电子器件的集成度要远高于今天所能达到的水平，制造工艺同样是这项研究面临的最艰巨的挑战。目前，德国科学家已研制成功一架只有黄蜂大小能够升空的直升机，他们研制的纳米材料发动机，小得几乎用肉眼无法分辨，这可能就是未来微型飞行器的先驱。

第六章　未来我们将飞向何方

更高更快更远的空天飞机

空天飞机是航空航天飞机的简称。顾名思义，它集飞机、运载器、航天器等多重功能于一身，既能在大气层内作高超音速飞行，又能进入轨道运行。与航天飞机相比，空天飞机多了一个在大气层中航空的功能，而且它起飞时也不使用火箭助推器。

空天飞机的奥妙之处在于它的动力装置。这种动力装置既不同于飞机发动机，也不同于火箭发动机，这是一种混合配置的动力装置。它由空气喷气发动机和火箭喷气发动机两大部分组成，空气喷气发动机在前，火箭喷气发动机在后，串联成一体，为空天飞机提供动力。

美国 X-33 空天飞机

空天飞机可以在一般的大型飞机场上起落。起飞时空气喷气发动机先工作，这样可以充分利用大气中的氧，节省大量的氧化剂。飞到高空后，空气喷气发动机熄火，火箭喷气发动机开始工作，燃烧自身携带的燃烧剂和氧化剂。降落时，两个发动机的工作顺序同起飞时相反。

"更高"，在于空天飞机能够在地面上像普通飞机一样水平起飞，直接飞入太空，在地球外层空间轨道上运行，能自行飞回地

面，在机场安全降落。

就"更快"而言，空天飞机自然无可匹敌，但与50年前相比，民航飞机的速度也有了大幅度的提高，而目前呼之欲出的第二代超音速客机，将使从北京到巴黎的航程从11~12小时，缩短到5~6小时，飞到纽约只要7个小时，旅客再不需要在飞机上打瞌睡。现在，美国、欧洲和日本已提出了第二代超音速客机的方案并着手研制，这种超音速客机的速度为音速的2~2.5倍，载客量为250~300人。

科学家们构想中的不着陆飞行器颇令人神往，这种飞行器在大气层外的地球轨道上飞行，而空天飞机将它作为停靠站，往来于地面和不着陆飞行器之间。这种集大气层飞行和宇航于一体的飞行方式将使人们无所不至。这就是"更远"。

多种高速和高空空天飞机设想图

实现空天飞机的技术难度比航天飞机更大，主要是三种动力装置的组合和切换，高强度、耐高温的材料（高速飞行时，其头锥温度可达2760摄氏度、机翼前缘达1930摄氏度、机身下也可达1260摄氏度）和具有人工智能的控制系统等。这些都需要进

人类飞行器史话

行大量的课题研究和技术攻关。

空天飞机

技术难度和资金短缺，使各国的空天飞机计划难有进展。原来设想"一步登天"的，也实事求是地后延。如英国的"霍托"号空天飞机，最终也与德国的"桑格尔"空天飞机一样，先由大型飞机驮至空中，然后从飞机上起飞进入太空。美国也决定重新确定国家空天飞机计划的进程，暂不研制 X—30 验证机，而先研究解决技术问题。就目前情况来看，航天飞机仍难"退休"。

当我们驾驶未来飞行器在宇宙中遨游的时候，我们更能真正感受到星光的灿烂，宇宙的浩瀚，自己的渺小。但是我们相信，发展科技，探索宇宙的脚步才刚刚开始，我们将在以后的时间里不断求索。